Wissenschaftliche Taschenbücher

WTB

Texte und Studien

Robert Rompe
Hans-Jürgen Treder

Zur Grundlegung der theoretischen Physik

Beiträge von
H. v. Helmholtz und H. Hertz

Akademie-Verlag · Berlin

Wolfgang Meiling
Digitalrechner in der elektronischen Meßtechnik
Teil 1: Meßmethodik
Teil 2: Gerätetechnik und Anwendungen

Dieter Michel
Grundlagen und Methoden der kernmagnetischen Resonanz

L. I. Miroschnitschenko
Kosmische Strahlung im interplanetaren Raum

Gernot Neugebauer
Relativistische Thermodynamik

Hans Neumann / Kurt Stecker
Temperaturmessung

Peter Paufler
Phasendiagramme

Ulrich Röseberg
Quantenmechanik und Philosophie

Albrecht Rost
Messung dielektrischer Stoffeigenschaften

J. V. Sačkov
Wahrscheinlichkeit und Struktur

E. M. Sawizki
Perspektiven der Metallforschung

Wolfgang Schäfer
Theoretische Grundlagen der Stabilität technischer Systeme

Ernst Schmutzer
Symmetrien und Erhaltungssätze der Physik

Volkmar Schuricht
Kernexplosionen für friedliche Zwecke

Hubertus Stolz
Supraleitung

Wolfgang Blei
Erkenntniswege zur Erd- und Lebensgeschichte

Festkörperphysik
Entwicklungstendenzen und Anwendungsmöglichkeiten

Die Schöpfer der physikalischen Optik
Eine Artikelsammlung

Renate Wahsner
Mensch und Kosmos
Die copernicanische Wende

Helmut Friemel / Josef Brock
Grundlagen der Immunologie

Roland Glaser
Grundriß der Biomechanik

Eberhard Hofmann
Funktionelle Biochemie des Menschen
Band 1 und 2

Lothar Jäger
Grundlagen der Klinischen Immunologie

Karlheinz Lohs / Dieter Martinetz
Entgiftung — Mittel, Methoden und Probleme

Joachim Nitschmann
Entwicklung bei Mensch und Tier

Stephan Schnitzler
Pharmakologische Aspekte von Immunreaktionen

Dieter Spaar / Helmut Kleinhempel
Hans Joachim Müller
Klaus Naumann
Bakteriosen der Kulturpflanzen

Eberhard Teuscher
Pharmakognosie
Teil I–III

Heinrich Bremer
Klaus-Peter Wendlandt
Heterogene Katalyse

Klaus Budde / Helmut Bulle
Helmut Rückauf
Stöchiometrie chemisch-technologischer Prozesse

Klaus Dittrich
Atomabsorptionsspektroskopie

Peter Hellmold
Hochtemperaturreaktionen

Falko H. Herrmann
Martina Ch. Herrmann
Das Hämoglobin des Menschen

Helmut Hrapia
Einführung in die Chromatographie

Hans Luppa
Grundlagen der Histochemie
Teil I und II

Hasso Meinert
Fluorchemie

Dieter Onken
Antibiotika – Chemie und Anwendung

Ernst Schmitz
Organische Zwischenprodukte

Wolfgang Wagner
Chemische Thermodynamik

Vorschau auf die nächsten Bände:

Peter Hallpap / Dietmar Stadermann
Stereochemie organisch-chemischer Reaktionen

Hans-Werner Kammer / Kurt Schwabe
Einführung in die Thermodynamik irreversibler Prozesse

Peter Nuhn / Hans-Jörg Hofmann
Molekulare Wirkungsmechanismen von Pharmaka

Harry Paul
Photonen
Experimente und ihre Deutung

Werner Stolz
Meßtechnik ionisierender Strahlung

George L. Trigg
Experimenta crucis in der modernen Physik

Günther Wagner / Hans Kühmstedt
Pharmazeutische Chemie

Gerhard Wunsch
Geschichte der Systemtheorie
Dynamische Systeme und Prozesse

WTB

BAND 284

Zur Grundlegung der theoretischen Physik

Beiträge von H. von Helmholtz und H. Hertz

Herausgegeben von

Robert Rompe und

Hans-Jürgen Treder

AKADEMIE-VERLAG · BERLIN

WTB TEXTE UND STUDIEN

Herausgeber dieses Bandes:

Prof. Dr. phil. Dr. rer. nat. h. c. Dr.-Ing. e. h. Robert Rompe

Ordentliches Mitglied der Akademie der Wissenschaften der DDR

Prof. Dr. rer. nat. habil. Dr. h.c. Dr. rer. nat. e.h. Hans-Jürgen Treder

Ordentliches Mitglied der Akademie der Wissenschaften der DDR

ISSN 0138-127X

1984
Erschienen im Akademie-Verlag, DDR-1086 Berlin, Leipziger Straße 3—4

Lizenznummer: 202 · 100/423/84
Printed in the German Democratic Republic
Gesamtherstellung: VEB Druckhaus „Maxim Gorki“, 7400 Altenburg
LSV 1104
Bestellnummer: 763 089 4 (7284)

01250

Inhaltsverzeichnis

*) Bildung der Zwischenüberschriften durch Verlag.

Einleitung

von R. Rompe und H.-J. Treder

An der wachsenden Bedeutung der Wissenschaft in der Welt, sowohl in der sozialistischen als auch in der kapitalistischen, hat die Physik einen beträchtlichen Anteil. Er beruht auf einigen miteinander verbundenen Eigenschaften, die, von der Physik ausgehend, in zunehmendem Maße andere Wissenschaftsdisziplinen ergreifen:

Die *begriffsschöpferischen Potenzen* der Physik wirken auf andere Disziplinen ein. Sie hängen engstens mit der *Anwendung physikalischer Meßgeräte* zusammen, die wiederum quantifizierte Daten liefern und damit eine *mathematische Behandlung* ermöglichen.

Die Methode der Physik geht aber über die Quantifizierung, die mathematische Analyse und die Verarbeitung von Meßdaten prinzipiell hinaus. Das Wesen der physikalischen Methode ist seit Galilei nicht die Gewinnung von möglichst vielen und immer genaueren Meßdaten bei möglichst zahlreichen Spezialfällen und an möglichst zahlreichen Einzelobjekten (generalisierende Induktion im Sinne F. Bacons). Vielmehr beruht die physikalische Erkenntnisgewinnung auf der theoretisch — durch Gedankenexperimente — begründeten Vorauswahl der für ein Problem wesentlichen Größen und Funktionen bei bewußter Abstraktion von allem für die Fragestellung Unwesentlichen.

Für die Physik ist es charakteristisch, die Meßdaten zu wichten und sie nur so seriös zu nehmen, wie es Forschungsgegenstand, Fragestellung und Meßmethoden insgesamt gestatten. Durch diese Beschränkung auf das im Rahmen der vorgegebenen Fragestellung Wesentliche eines Zusammenhanges wird die Untersuchung eines Einzelfalles paradigmatisch für „alle Fälle" im Sinne Galileis Exakter Induktion. Zum Beispiel ist die Gesetzmäßigkeit des freien Falls eines Körpers das Gesetz des freien Falls überhaupt (Galileis Fallgesetz); denn die exakte Induktion beruht ja darauf, von „stochastischen" Störeffekten wie Luftwiderstand, Magnetfeld der Erde etc. und damit auch von den Pekularitäten der einzelnen Körper abzusehen.

Die nahezu unbegrenzten Einsatzmöglichkeiten der Physik von der Konstruktion von Meßgeräten bis zur Technologie von Großanlagen beruhen darauf, daß die Gesetze der Physik, die aus Laboratoriumsversuchen durch exakte Induktion theoretisch hergeleitet werden, eben von allen besonderen Eigentümlichkeiten der Versuchsanordnungen unabhängig sind. Daher sind die in irdischen Versuchen begründeten physikalischen Theorien grundsätzlich auch überall auf den Kosmos anwendbar.

Die Meßgeräte, deren Anwendung meist mit einem Eingriff in das Geschehen verbunden ist, sind damit selbst Ansatz zu einer Beeinflussung des Geschehens und der technologischen Gestaltung. Der Fundus solchermaßen präzisierter Begriffe ist die Grundlage des (physikalisch-)theoretischen Denkens, welches die Planung, Vorbereitung, Durchführung und Auswertung der Experimente ermöglicht, durch die immer neue Seiten der Wirklichkeit reproduzierbar aufgedeckt und zugleich auch einer Beeinflussung zugänglich gemacht werden.

Diese Wirksamkeit der Physik setzt eine Verständigung aller daran Beteiligten voraus, die durch die Alltagssprache und die Mathematik sichergestellt wird. So bedeutungsvoll die Mathematik als Darstellungs- und Verständigungsmittel in der Physik ist, so ist die Alltagssprache grundsätzlich das Verständigungsmittel in „letzter Instanz“ wegen ihrer Verknüpfung mit Logik und Mathematik sowie ihrer Beziehung zum Begriffsfundus der Philosophie als der umfassendsten Verallgemeinerung der gesamten menschlichen Erfahrungen.

Die beiden großen Physiker, deren Beiträge zur Grundlegung der modernen theoretischen Physik wir in diesem Bändchen vorlegen, um sie allen Physikern und an Physik Interessierten wieder in Erinnerung zu bringen, haben es meisterhaft verstanden, in der Alltagssprache anspruchsvolle Probleme der Physik abzuhandeln und damit einem großen Leserkreis näherzubringen. Hierbei handelt es sich zum Teil um Überlegungen fundamentalen Charakters, die anschließend an ihre Erstveröffentlichungen von den Fachvertretern durch abstrakt-mathematischen Aufwand verfeinert und methodisch leistungsfähiger gemacht wurden, die aber in der ursprünglich niedergelegten Form jedem Interessierten der Physik verdeutlichen können, was Grundlagenprobleme sind!

Für die Fachphysiker haben gerade diese Überlegungen große Bedeutung: Die Natur und in zunehmendem Maße die vom Menschen in der Technik erschaffenen Gebilde weisen eine überwältigende Fülle interessanter und überraschender Erscheinungen auf, von denen zweifellos ein beachtlicher Teil in die Kompetenz der Physik gehören.

Seit GALILEI und NEWTON sind die Physiker überzeugt, daß, unbeschadet aller Kompliziertheit, die uns in der Natur und in der Technik gegenübertritt, es doch immer das Walten allgemeingültiger, allgemein formulierter Gesetze ist, das allem Geschehen zugrunde liegt.

Naturgemäß ist die Formulierung dieser universellen Gesetze nicht abhängig von der jeweiligen geistigen Leistungsfähigkeit der Menschen, die sich in der Handhabung der Sprache und der Mathematik äußert. Es ist das große Verdienst von H. v. HELMHOLTZ und H. HERTZ, uns in so eindrücklicher Weise diesen Zusammenhang vor Augen geführt zu haben, so, wie es andere große Physiker und Mathematiker, die an der Ausgestaltung der Grundlagen der modernen Physik beteiligt waren, mit ihnen und nach ihnen getan haben. Wir nennen nur L. BOLTZMANN, H. POINCARÉ, M. PLANCK, D. HILBERT, A. EINSTEIN, N. BOHR, H. WEYL, E. SCHRÖDINGER, W. PAULI, W. HEISENBERG und V. A. FOCK.

Die Physik greift mit ihren Erkenntnissen in ungewohnter, zum Teil erschreckender Weise in das Leben der Menschen und ihrer Gesellschaft ein. Wenn MARX sagte: „die Philosophen haben die Welt nur verschieden interpretiert, es kommt aber darauf an, sie zu verändern", dann hat die Physik das in einer eindrucksvollen Weise besorgt.

Man bedenke nur, daß die auf Entdeckung der physikalischen Forschung beruhenden modernen Kommunikationsmittel heute schon allen ihren Bewohnern ein simultanes Erleben des Geschehens auf unserer Erde ermöglichen. Die Vorstellung einer *einheitlich informierten*, denkenden und handelnden Menschheit ist heute möglich.

Es ist klar, daß die großen Schöpfer der Physik das Bedürfnis hatten, alle aufgeschlossenen Menschen, die an diesem außerordentlichen Mittel der Steigerung menschlicher Leistungsfähigkeit interessiert sind, an den Problemen der Physik partizipieren zu lassen. Die Breite der Nutzung der inhaltlichen und methodischen Ergebnisse der Physik wächst dauernd, ganze Zweige der Naturwissenschaft und der Technik werden davon erfaßt.

W. PAULI schrieb: „Physiker sind Menschen, die über die Phänomene und über die Wirklichkeit alle diese merkwürdigen Aussagen machen, die man in ihrer Ganzheit Physik nennt."

Es liegt im Interesse von uns allen, das Verständnis für das Anliegen der Physik — und ihrer Möglichkeiten — zu heben; denn das Anliegen der Physik, die Art ihres Vorgehens, ist keineswegs von selbst verständlich.

Hermann von Helmholtz

Einleitung zu den Vorlesungen über Theoretische Physik

Einleitung

§ 1. Die Philosophie und die Naturwissenschaften

Zwischen Philosophie und Naturwissenschaft hatte sich in der ersten Hälfte dieses Jahrhunderts, namentlich unter dem Einfluß der SCHELLING-HEGELschen Identitätsphilosophie, ein wenig erfreuliches Verhältnis entwickelt. Die Ursache lag wesentlich in dem tiefgreifenden Gegensatz der Methoden, die einander gegenseitig ihre Berechtigung bestritten. Die Spannung dauerte aber in ihrer ersten Bitterkeit nicht lange. Die Naturwissenschaften erwiesen vor Jedermanns Augen durch eine schnell auf einander folgende Reihe glänzender Entdeckungen, daß ein gesunder Kern ungewöhnlicher Fruchtbarkeit in ihnen wohne, und es konnte ihnen daher Achtung und Anerkennung auch von ihren prinzipiellen Gegnern nicht dauernd versagt werden.

Daß zu allen Zeiten die Menschen bemüht waren, eine, wenn auch schematische Kenntniß des ganzen Zusammenhanges des Universums zu gewinnen, ist natürlich. Da nun die Erforschung der Thatsachen langsam geht und man andererseits in der Mathematik sah, daß man auf Grund der gemeinsten alltäglichen Erfahrung, allein durch die Kraft des Denkens sehr allgemeine Gesetze finden konnte, so versuchte man es auch auf dem Gebiete der Erforschung naturwissenschaftlicher Gesetze mit dem sogenannten reinen Denken, mit der Speculation.

Die Täuschungen und Irrthümer, welche auf diesem Wege nothwendiger Weise nicht zu vermeiden waren, da man Abstracta und grammatikalische Ausdrücke als Realien behandelte und Resultate der ungeprüften Erfahrung als Denknothwendigkeiten ansah, haben eine Zeit lang die Philosophie in Verruf gebracht. Doch ist man darin viel zu weit gegangen; denn jedenfalls ist sie bei der Kritik der Methoden auch in den Naturwissenschaften berechtigt. Wir müssen doch das Instrument untersuchen, mit dem wir arbeiten.

Die Kritik der Methoden kann solange vernachlässigt werden, als man sich auf die Anwendung solcher Methoden beschränken kann, die sich bereits durch ihren Erfolg als richtig bewährt haben. Naht sich die Forschung solchen Grenzen, wo es zweifelhaft wird, ob die auftretenden Schwierigkeiten dem Stoffe oder der Unzulänglichkeit der Methode zuzuschreiben sind, so muß jene Kritik eintreten. Daher ist neuerdings auch von den Naturforschern viel über philosophische Fragen discutiert worden. Es zeigt sich aber auch hierbei, daß die Besprechung einzelner sporadischer Punkte wenig nützt; es muß systematisch vorgegangen, untersucht und von Grund aus aufgebaut werden.

Weil nun in der systematischen Darstellung der Physik, als der Lehre von den allgemeinen Eigenschaften der Naturkörper, der deshalb nicht unpassend bei den englisch redenden Völkern der Name der „Natural Philosophy" geblieben ist, es mehr wie in irgend einem andern Zweige der Naturwissenschaft am Orte ist, allgemeine Gesichtspunkte an die Spitze zu stellen, so will ich hier zunächst die allgemeinen logischen und erkenntnißtheoretischen Principien in der wissenschaftlichen Methodik der Erfahrungswissenschaften vortragen, obschon ich dadurch von der allgemeinen Gepflogenheit ziemlich abweiche; denn für gewöhnlich verliert man bei dem Vortrage einzelner Zweige der Wissenschaften auf den Universitäten nicht viel Worte über die logischen Grundsätze, die den Untersuchungen, an die man herantritt, zu Grunde liegen.

Zu meiner persönlichen Rechtfertigung möchte ich darauf hinweisen, daß ich aus langer Praxis eine ausgedehnte Kenntniß über die zu behandelnden Probleme besitze und auch einige Erfahrung über die leichteste Beseitigung der bei naturwissenschaftlichen Arbeiten auftretenden Schwierigkeiten gewonnen habe. Da die Philosophen, bei denen ich mir Rath holen wollte, ihre Untersuchungen meist erst bei dem Wissen anfangen, was bereits in Worten ausgedrückt werden kann, und die davorliegenden Processe des Sammelns von thatsächlicher Erfahrung meistens gar nicht oder doch nur vom Hörensagen kennen, so habe ich mir selbst helfen und mir die Dinge vielfach in eigener Weise zurecht legen müssen.

§ 2. Die physikalischen Wissenschaften

Ehe wir aber zu einer näheren Darlegung der methodologischen Principien übergehen, müssen wir uns zunächst mit der Abgrenzung und dem Inhalte derjenigen Wissenschaften beschäftigen, zu denen die nachfolgenden Betrachtungen als Einführung zu dienen bestimmt sind.

Die Physik können wir als die Lehre von den allgemeinen Eigenschaften der Naturkörper definieren. Unter diesen allgemeinen Eigenschaften sind hier aber nicht nur diejenigen Eigenschaften zu verstehen, die allen Naturkörpern ausnahmslos gemeinsam sind, sondern auch solche, welche nur großen ausgedehnten Klassen von ihnen zukommen. Als physikalische Wissenschaften bezeichnen wir diejenigen Wissenschaften, deren geistiges Geschäft zwar mit der Art der geistigen Arbeit in der Physik übereinstimmt, aber sich zum Theil nur auf eine eng begrenzte Klasse von Körpern oder manchmal auch nur auf bestimmte einzelne Körper und Körpersysteme bezieht. So hat z. B. die Chemie die Aufgabe, die besonderen Eigenschaften zu erörtern, durch welche sich die einzelnen Elemente oder ihre Verbindungen von einander unterscheiden. In anderen Zweigen der physikalischen Wissenschaften werden nicht die unterscheidenden Eigenschaften, sondern die Veränderungen besprochen, welche wir an bestimmten einzelnen Naturkörpern oder Systemen von Naturkörpern beobachten. Zu diesen zählt z. B. die Astronomie. Sie erörtert die Kräfte und die Bewegungsvorgänge, welche wir an den Himmelskörpern wahrnehmen. Eine andere Wissenschaft, die physikalische Geographie,. bespricht die Vorgänge am Erdkörper, sowohl solche, welche den ganzen Erdkörper, als auch diejenigen, die nur große ausgedehnte Theile desselben betreffen. Die Meteorologie behandelt die Erscheinungen und Vorgänge in unserer Atmosphäre. Es sind dies also alles specielle und gesonderte Zweige, die zur Klasse der physikalischen Wissenschaften gehören und die in Bezug auf die Methode der Behandlung mit der Physik übereinstimmen und die man daher auch wohl als Physik im weitesten Sinne bezeichnen könnte.

Die Physik in engerem Sinne, das, was wir oben als Physik schlechthin bezeichneten, ist also diejenige Wissenschaft, welche die allgemeinen Eigenschaften der Körper oder vielmehr aller Körper bespricht und kennen lehrt. Sie zerfällt in zwei größere Abtheilungen, welche gewöhnlich gesondert von einander behandelt werden. Man pflegt sie als theoretische Physik einerseits und Experimentalphysik andererseits zu bezeichnen. Beide unterscheiden sich von einander sehr wesentlich durch die Art der geistigen Arbeit, welche bei den Untersuchungen angewendet wird; und so lange man mehr auf die äußerliche Art der geistigen Arbeit bei den einzelnen Wissenschaften geachtet hat, ohne das eigentliche Wesen dieser Arbeit genauer zu untersuchen, war man geneigt, die theoretische Physik, die wohl auch als mathematische Physik bezeichnet wurde, streng und scharf von der Experimentalphysik zu trennen. Praktisch sondern sich in der That diese beiden Zweige der Physik oder genauer gesprochen diese beiden Behandlungsweisen in der Physik insofern, als von den Beobachtern und Studirenden die Einen mehr geneigt sind, experimentelle Untersuchungen zu machen, weil sie dazu besondere Geschicklichkeit haben, und über diejenige Art von Phantasie verfügen, die erforderlich ist, um neue lehrreiche Experimente aufzufinden, während die Anderen sich mehr bei der theoretischen mathematischen Seite der Arbeit befriedigt fühlen und darin auch geschickter sind. Es ist aber nicht zu vergessen, daß die mathematischen Kenntnisse und die Uebung in der mathematischen Behandlung physikalischer Aufgaben eine wesentliche Rolle für Jeden spielen, der sich der Physik widmet, gleichviel ob er den Schwerpunkt seiner Thätigkeit mehr dem Experiment oder der Rechnung zuwendet.

Man wird bei weiterem Eindringen in die Physik allerdings von rein praktischen Gesichtspunkten aus gut thun, sich darüber zu entscheiden, ob man der einen oder der anderen Richtung folgen will, und dementsprechend der einen oder anderen Richtung mehr Fleiß zuwenden. Doch muß gleich von vorn herein betont werden, daß Experimentalphysik ganz ohne mathematische Physik eine sehr eng begrenzte Wissenschaft ist und wenig Einsicht in den Vorgang der physikalischen Erscheinungen giebt, während das Umgekehrte, mathematische Physik ohne Experimentalphysik, ebenfalls eine ziemlich lahme und unfruchtbare Wissenschaft sein würde, weil man nicht wohl thut, Theorien über Naturvorgänge zu machen, ehe man diese Vorgänge aus eigener Anschauung kennen gelernt hat.

Man pflegt bei der systematischen Darstellung der verschiedenen Wissenschaften gewöhnlich nicht viel Worte und Betrachtungen über die logischen Grundsätze zu verlieren, die den Untersuchungen, an die man herantritt, zu Grunde liegen; aber gerade bei der Physik ist dieses doch bis zu einem gewissen Grade nothwendig.

Erster Abschnitt:

Die methodologischen Principien

§ 3. Kritik der alten Logik

Die Lehre vom wissenschaftlichen Denken, die Logik, ist uns, nachdem sie von ARISTOTELES entwickelt worden, durch die scholastischen Philosophen des Mittelalters überliefert und seitdem in der Hauptsache stehen geblieben. Sie spricht, wie oben schon erwähnt, nur von dem Wissen, insofern es in Worten ausgedrückt ist, und dieses Wissen tritt in der Form eines Urtheils auf. Ein Urtheil erscheint grammatikalisch als Satz, der zwei Begriffe, Subject und Prädicat, verbindet. Neue Urtheile werden durch Schlüsse gewonnen.

Wir brauchen dabei einen allgemeinen Satz, den wir bezeichnen als den Major des Schlusses, und einen speciellen Satz, den Minor, welcher letztere sich nur auf einzelne Objecte zu beziehen braucht, sogar unter Umständen nur auf ein einziges Object, während der Major zu einem allgemeinen und vollkommen sicheren Schlusse nur gebraucht werden kann, wenn er einen allgemeinen Satz ausdrückt, der für alle Objecte einer gewissen Klasse giltig ist. Nun wird in der Logik, wie sie gewöhnlich als Theil der philosophischen Wissenschaften vorgetragen wird, über die Herkunft des Major und des Minor gewöhnlich keine Auskunft gegeben. Es wird vorausgesetzt, daß dergleichen Sätze gefunden werden können, und die Auseinandersetzungen in der Logik beziehen sich nur auf die Art der Verbindung zwischen ihnen und auf die Grenzen des Schlusses, welche man aus gegebenem Major und Minor ermitteln kann. Deshalb beschränkt sich die gewöhnliche Logik darauf, die Wege und Methoden anzugeben, wie man aus gewissen bekannten und gegebenen Sätzen neue Sätze finden, d. h., wie man den Schluß, die Conclusio, ziehen könne; sie giebt aber keinen Aufschluß darüber, wie man nun zu den ursprünglichen Sätzen, dem Major und dem Minor, gelangt ist. In der Regel sind dieses ja Sätze, die durch eine andere Autorität gegeben sind. In solchen Fällen ist die Bildung der Conclusion niemals die Erzeugung einer neuen Wahrheit. Das tritt noch klarer hervor, wenn man überlegt, daß der Regel nach der Major gar nicht mit Sicherheit aufgestellt werden kann, wenn man nicht schon weiß, daß auch dasjenige Object, welches in dem Minor genannt ist und welches das Subject des Minor bildet, unter den Major gehört, und daß der Major auch in Bezug auf dieses Subject richtig ist. Wenn man nun den Major nicht selbst aufgestellt hat, also nicht unabhängige Quellen für die Richtigkeit des Major besitzt, wird durch den Schluß nachher weiter nichts mehr gesagt, als daß das Object unter den Major gehört, also dasselbe behauptet, was man eben vorher schon wissen muß, ehe man überhaupt den Major aufstellen kann. In diesem Sinne ist auch der Name der Logik, welcher ja ursprünglich Sprechkunst bedeutet, vollkommen gerechtfertigt. Denn in der weitaus größten Mehrzahl der Fälle sind die ursprünglichen Sätze, von denen man ausgeht, auf schriftlichem oder mündlichem Wege überliefert, und die alte, gewöhnlich vorgetragene Logik ist im Wesentlichen nichts anderes, als eine Anweisung darüber, wie man diese Sätze richtig auszudrücken hat, sodaß sie den verlangten Sinn erhalten, und daß derjenige, welcher sie verstehen will oder soll, den richtigen Sinn mit ihnen verbindet. Sie ist also im Wesentlichen weiter nichts als eine Anweisung für den Einen, richtig zu sprechen, für den Andern, richtigen Sinn den gesprochenen Sätzen unterzulegen. Es kommt also in dieser ganzen Reihenfolge von logischen Operationen nichts von Erzeugung neuer Kenntniß vor; während wir, in fundamentalem Unterschiede dazu in den Naturwissenschaften Kenntnisse zu gewinnen haben, die bisher noch nicht gewonnen sind und welche uns kein Anderer auf seine Autorität hin mittheilen kann. Wenigstens sind es gerade dergleichen bis dahin unbekannte Sätze, welche den Managementtheil der Naturwissenschaft und ihr wichtigstes Element bilden. Daher weichen auch die Denkoperationen, welche wir bei den Ueberlegungen in der Naturwissenschaft auszuführen haben, wesentlich ab und zeigen einen bestimmten fundamentalen Unterschied von denjenigen Denkoperationen, welche in der bisherigen Logik an überlieferter Weisheit vorgenommen werden. Es ist daher nothwendig, zunächst einige kurze Auseinandersetzungen über das logische Geschäft zu machen, welches wir in den naturwissenschaftlichen, physikalischen Untersuchungen auszuführen haben.

§ 4. *Die Begriffe und ihre Connotationen*

Das Ziel der physikalischen Wissenschaften müssen wir darin sehen, die Naturerscheinungen zu begreifen. „Begreifen“ aber heißt: Begriffe bilden. Wenn wir nun die Bildung der Begriffe, die Ueberordnung und Unterordnung derselben kennen lernen wollen, so giebt uns dafür die gewöhnliche Logik folgendes Verfahren an. — Wir fassen zunächst diejenigen Objecte zusammen, die sich in gewisser Beziehung gleich verhalten, und bestimmen durch eine Charakteristik, die man als die Definition dieser Klasse zu bezeichnen pflegt, diejenigen Objecte, welche wir zu der Klasse rechnen wollen. Das Aufstellen der Definition besteht also darin, denjenigen Complex von Eigenschaften zu finden, welcher nothwendig bei allen Objecten der Klasse vorhanden ist. Wenn man in dieser Weise einen solchen Complex von Eigenschaften gefunden hat, welcher allen Objecten der betreffenden Klasse zukommt und hingegen bei allen Objecten, die man zu anderen Klassen rechnen will, fehlt, so ist damit die Abgrenzung dieser Klasse von Objecten von allen andern Objecten gegeben: sie sind zu einem Begriffe zusammengefaßt. Das ist die gewöhnliche Beschreibung der Bildung der Begriffe nach den Erfordernissen der gewöhnlichen Logik. Nun hat aber John Stuart Mill auf einen wesentlichen Unterschied aufmerksam gemacht, der zwischen den verschiedenen Merkmalen besteht, welche zu den Definitionen des Begriffes gebraucht werden. Es tritt besonders in den naturgeschichtlichen Wissenschaften sehr deutlich hervor, daß man in einer außerordentlich großen Zahl von Fällen außer denjenigen Merkmalen, die zur Definition einer Klasse oder einer Art, also des Begriffes, ausreichen und nothwendig sind, noch andere Merkmale findet, die bei allen Einzelwesen der betreffenden Art oder Klasse vorkommen. An einem Beispiele können wir uns diese Eigenthümlichkeit leicht klar machen. Wählen wir dazu den Begriff „Säugethier“. Wir können die Klasse der Säugethiere dadurch begrenzen, daß wir definiren: „Säugethiere sind Thiere, welche lebendig geboren und von ihren Müttern gesäugt worden sind.“ Dadurch würden wir alle übrigen Thiere, alle Vögel, Amphibien u. s. w. ausschließen. Nun findet sich, daß außer dieser Eigenthümlichkeit ihrer Ursprungsweise und jugendlichen Ernährungsart noch eine Reihe von anderen Eigenthümlichkeiten des anatomischen Baues existirt, welche ebenfalls allen Säugetieren gemeinsam ist. Wir finden nämlich bei allen, daß sie warmblütig sind, daß sie einen doppelten Blutkreislauf haben, indem das Blut, ehe es seine ganze Bahn durchlaufen hat, zweimal zum Herzen zurückkehrt, daß ferner gewisse Eigenthümlichkeiten in der Bildung der Gehörknöchelchen und des Unterkiefergelenks bestehen, u. s. w. Alle diese gemeinsamen Eigenthümlichkeiten könnten also auch als Unterscheidungsmittel der Säugethiere gebraucht werden, da sie den Vögeln, Amphibien, Fischen u. s. w. nicht zukommen. Wenn demnach eine Definition von einer Klasse, die wir mit einem gemeinsamen Namen bezeichnen wollen, aufgestellt werden soll, so haben wir zwischen zwei verschiedenen Arten von Merkmalen zu unterscheiden: die eine Art ist nothwendig, aber auch ausreichend, um die Definition zu geben, die Klasse abzugrenzen und den Namen festzustellen; daneben kann aber auch noch eine andere Art von Merkmalen vorkommen, welche zwar immer bei allen Individuen der betreffenden Klasse vorhanden, aber für die Definition nicht nothwendig sind. Wenn wir z. B. ein Thier finden, welches lebendig geboren und von seiner Mutter gesäugt worden ist, so werden wir es für ein Säugethier erklären und nicht weiter verlangen, wenigstens nicht, um den Namen und die Klasse des Thieres festzustellen, daß auch noch jene anatomischen Eigenthümlichkeiten in Beziehung auf die Bildung der Gehörknöchelchen und die Bildung des Herzens u. s. f. nachgewiesen werden müßten. STUART MILL war der erste, welcher diese wichtige Unterscheidung machte und also diejenigen Eigenschaften, welche in die Definition eines Begriffes hinein gehören und an und für sich zusammen genommen genügend sind, die Definition festzustellen, von den Eigenschaften trennte, die außerdem noch immer bei den einzelnen Wesen vorhanden sind, — die unter den Begriff gehören. Letztere Eigenschaften bezeichnete er als die Connotationen des Begriffes. Dies ist nun eine sehr wesentliche und wichtige Unterscheidung, die eine ganz hervorragende Rolle spielt bei dem Gebrauch solcher begrifflichen Bestimmungen. Wenn eine solche Connotation gefunden werden kann für diejenigen Objecte, welche unter einem bestimmten Begriff gefaßt sind, so kann man allgemeine Urtheile bilden, z. B. in der Weise, daß wir sagen: alle Säugethiere besitzen mindestens drei Gehörknöchelchen, haben einen doppelten Blutkreislauf und sind warmblütig. Hierin sind die drei Aussagen über die Säugethiere solche Connotationen. Nun zeigt sich in der That — und es erklärt sich auch sehr leicht, warum sich das zeigt —, daß bei den Classificationen, welche der Bildung der menschlichen Sprache zu Grunde liegen und die Namengebung bestimmen, vorzugsweise solche Begriffe gebildet worden sind, die Connotationen zulassen. Denn es würde uns nicht viel helfen, wenn wir irgend welche beliebigen Definitionen aus beliebigen Merkmalen zusammenwürfeln wollten. Wir könnten ja z. B. alle Pflanzen in eine Klasse zusammenfassen, welche blaue Blüthen haben, und dieser Klasse einen besonderen Namen geben. Aber die Definition einer solchen Klasse würde keine Connotationen zulasse, denn wir könnten von diesen Objecten weiter nichts Gemeinsames aussagen, als das, was in ihrer Definition bereits ausgesagt ist, nämlich, daß sie Pflanzen seien und blaue Blüthen hätten. Alle allgemeinen Sätze, welche wir in Bezug auf solche Klassen aufstellen könnten, würden daher nothwendig tautologische Sätze sein. Wenn wir also neue Begriffe bilden, so müssen wir suchen, solche Begriffe zu bilden, denen wenigstens eine Connotation zukommt; anders zu verfahren, wäre sehr unnütz. Unsere Sprache ist nun schon gebildet unter dem Einfluß dieses Gesichtspunktes; denn auch ohne streng wissenschaftliches Studium lernt der Mensch durch die tägliche Beobachtung eine große Menge von solchen Beziehungen kennen, wie sie eben dargelegt worden sind. Ueber diese Kenntniß geben wir uns freilich nicht immer Rechenschaft, namentlich aber werden wir uns nur selten bewußt, wie wir diese Kenntniß erlangt haben. Bei einem ruhig und verständig beobachtenden Volke muß sich aber ein solcher Einfluß auf die Sprache nothwendig weiter entwickeln, und zum Theil ist es wohl hierauf zurückzuführen, daß die civilisirteren Völker auch feiner ausgebildete Sprachen haben, Sprachen, in denen mehr diejenigen Begriffe betont sind, von denen man Allgemeines aussagen kann, also welche Connotationen haben.

§ 5. Die Gattungsbegriffe und die Naturgesetze

Diese Art der Bildung von Begriffen ist nun in ziemlich breiter Weise in den sogenannten naturgeschichtlichen Wissenschaften durchgeführt. Diese beziehen sich meistentheils nur auf die Beschreibung von Naturobjecten, die dauernd in der uns umgebenden Natur existiren, beziehlich durch die Zeugungsprocesse des thierischen Körpers immer wieder in gleicher Form hergestellt werden, sodaß immer eine große Menge von Exemplaren jeder Klasse sich vorfindet. Bei diesen haben wir also fast nur den dauernd bestehenden Zustand zu beschreiben, denn erst in neuerer Zeit hat man angefangen, sich mit den Veränderungen zu beschäftigen, welche an solchen Naturkörpern im Laufe mehrerer Generationen vor sich gehen können. Im Gegensatz dazu haben es nun die physikalischen Wissenschaften überwiegend mit Veränderungen zu thun, die sich an Naturobjecten vollziehen. Wenn wir früher gesagt haben, daß die physikalischen Wissenschaften die allgemeinen Eigenschaften der Naturkörper zu bestimmen suchen, so steht das mit dem hier Gesagten in keinem Widerspruch; denn die hier betrachteten Eigenschaften der Naturkörper kommen für uns nur zur Beobachtung, indem wir Veränderungen wahrnehmen. Wir suchen in den physikalischen Wissenschaften zu ermitteln, welche Veränderungen überhaupt vorkommen können und welche äußeren Einwirkungen und Umstände vorhergehen müssen, um solche Veränderungen hervorzubringen, oder auch, was vorhergehen muß, um das Eintreten von solchen Veränderungen zu verhindern. Also das, was wir in den physikalischen Wissenschaften zusammenzufassen haben, wofür wir also etwas dem Geschäfte der Begriffsbildung bei den Naturkörpern ganz Analoges auszuführen haben, sind Veränderungsvorgänge, die wir an den Objekten der Außenwelt beobachten. Wenn wir nun aber solche Veränderungen begreifen wollen, so müssen wir auf sie dasselbe Verfahren anwenden, welches wir bei der Betrachtung der Naturobjecte als praktisch erfunden haben: wir müssen solche Fälle zu Klassen zusammenstellen, in denen, außer den Umständen, welche zur Definition, d. h. zur Abgrenzung der betreffenden Gruppe von Vorgängen dienen, auch noch andere gleichartige, gemeinsame Aenderungen, d. h. in ihrem Ablauf einander gleichende Veränderungen vorkommen. Es ist also im Wesentlichen wiederum dieselbe Aufgabe, nur ist hier die sprachliche Bezeichung etwas anders. Denn für eine solche Klasse, welche eine Anzahl in gleicher Weise hervorgebrachter und ablaufender Veränderungen enthält, können wir einen sprachlichen Ausdruck nur geben in der Form eines Naturgesetzes. „Zwei schwere Körper die sich in endlicher Entfernung von einander im Raume befinden, erleiden eine Beschleunigung und zwar jeder einzelne von ihnen in der Richtung gegen den andern hin", d. h. sie bewegen sich in dieser Richtung mit wachsender Geschwindigkeit auf einander zu. Das ist eine Thatsache, die sich immer zeigt, wenn keine Umstände vorhanden sind, die hindernd einwirken, z. B. Beschleunigungen die in ganz derselben Weise von dritten Körpern in entgegengesetzter Richtung ausgeübt werden, und eine Thatsache, welche in dieser Form immer ausgesprochen werden kann und soeben auch in der Form eines Naturgesetzes ausgesprochen ist.

Ebenso wie wir also in den beschreibenden Naturwissenschaften, der Zoologie, der Botanik u. s. w., Klassen von Naturkörpern zu Begriffen zusammenfassen und deren Connotationen suchen, so haben wir in den physikalischen Wissenschaften die ganz gleiche logische Aufgabe, nur daß sie sich hier auf Vorgänge bezieht. Wir haben nämlich die Aufgabe, solche Fälle von Veränderungen und Vorgängen als Klassen zusammenzugreifen, bei denen außer den beobachteten gleichartigen Umständen, welche der Definition des Begriffes entsprechen, noch regelmäßig andere Vorgänge stattfinden, welche also den Connotationen des Begriffes analog sind.

Eine andere Gruppe von Naturvorgängen können wir zusammenfassen in folgendem Satz: „Ein Lichtstrahl, der durch die Grenze zweier verschiedenartiger durchsichtiger Medien hindurchgeht, erleidet eine Brechung, und zwar ist die Abweichung von dem früheren Wege gegeben durch eine bestimmte trigonometrische Beziehung.“ Das erste der beiden angeführten Naturgesetze bezieht sich also auf Ortsveränderungen schwerer Körper, das zweite auf Richtungsänderungen eines Lichtstrahls. Solche Beispiele können wir nun sehr mannigfaltig häufen, und jeden regelmäßig in der Natur eintretenden Vorgang in dieser Weise zunächst nach seinem thatsächlichen Gehalt als Gesetz aussprechen. Wir brauchen dazu nur die Bedingungen genau zu definiren, unter denen die betreffende Erscheinung sich vollzieht, und dann genau anzugeben, wie der Vorgang weiter verläuft. Es wäre dieses also weiter nichts als eine Beschreibung der thatsächlich beobachtbaren Vorgänge.

§ 6. Naturgesetz, Kraft und Ursache

In dem sprachlichen Ausdruck weichen wir nun meistentheils von der bisher angegebenen Formulirung der Naturgesetze ab, indem wir Abstracta bilden und statt der Verba Substantiva einsetzen, z. B. das erste der oben angeführten Gesetze in der Form aussprechen, daß zwischen je zwei schweren Körpern, die sich in endlicher Entfernung von einander im Raume befinden, fortdauernd eine Anziehungskraft von bestimmter Größe besteht. Wir haben damit statt der einfachen Beschreibung des Phänomens der Bewegung ein Abstractum, die Anziehungskraft, eingeführt. Wir bezeichnen damit in der That weiter nichts, wenigstens nichts, was noch einen factischen Sinn hat, als was auch in der bloßen Beschreibung des Phänomens enthalten ist. Wir versichern nur durch die Aufstellung des Gesetzes in dieser Form, welches den Begriff der Kraft benutzt, auch daß dieses Phänomen der gegenseitigen Annäherung der beiden Körper, sobald die Bedingungen dazu gegeben sind, in jedem Zeitmoment eintritt.

Nun weiß man über eine solche Kraft weiter nichts Thatsächliches anzugeben, als daß, so oft sie wirkt oder die Bedingungen eintreten für ihre Wirksamkeit, das betreffende Phänomen beobachtet werden kann. Es ist also ein in gewissem Sinne leeres Abstractum, welches aber, wenn es richtig verstanden wird, in der That die wirklich vorkommenden Phänomene beschreibt. Andererseits ist aber doch zu beachten, daß durch die Einschiebung des Begriffes der Kraft in die Formulirung eines Gesetzes etwas hinein gekommen, was leicht als ein hypothetisches Element angesehen werden kann und was eigentlich durch die Thatsachen nicht gegeben ist. Thatsächlich hat diese Ausdrucksweise auch, so lange man sich nicht ihren Sinn völlig klar gemacht hatte, mannigfachen Anstoß erregt; sie ist vielfach in der Weise mißverstanden worden, daß man dieses abstracte Substantiv die Kraft als die Bezeichnung von irgend etwas wesentlich Existirendem aufgefaßt hat und daß man sich berechtigt glaubte, bestimmte Sätze über die wesentlichen Eigenschaften der Kräfte aufzustellen, welche in der That, wenn richtig, entweder Tautologien waren oder nur scheinbar einen reellen Inhalt hatten. In Folge davon haben in neuerer Zeit viele Physiker, denen es darum zu thun war, nichts in die Wissenschaft hinein zu tragen, als was reiner Ausdruck der Thatsachen war, danach gestrebt, auch den Ausdruck der Thatsachen so einzurichten, daß in ihm nichts Hypothetisches untergeschoben wäre. Es war wohl zuerst FARADAY, der in dieser Richtung sich bemüht hatte. FARADAY hatte nicht den normalen Bildungsgang eines gelehrten Physikers durchgemacht, sondern war durch eigene Intelligenz und eigene Einsicht zu dem größten Theil seiner Kenntnisse gekommen. Er war ursprünglich ein armer Buchdruckerlehrling, der die Bücher, welche er zu heften hatte, auch zu lesen begann und dadurch seine Kenntnisse schnell vermehrte. Späterhin kam er in Berührung mit dem berühmten Chemiker HUMPHREY DAVY, der sich für den offenbar sehr intelligenten Knaben so interessirte, daß er ihn zunächst als Assistenten oder, vielleicht besser gesagt, als Laboratoriumsdiener annahm. Von dieser Stellung aus schwang sich dann FARADAY, dem HUMPHREY DAVY bald einen Teil seiner Vorlesungen übertrug, zu grossem Ansehen in der Welt empor. Der Keim zu seinen außerordentlich bedeutenden wissenschaftlichen Entdeckungen und besonders das Originale seiner Anschauungsweisen ist wesentlich in dem Umstande zu suchen, daß er den gewöhnlichen Weg der Wissenschaft nicht kannte, sondern von Anfang an darauf angewiesen war, sich seinen eigenen Weg für das Verständniß der Erscheinungen zu suchen. Es war nun FARADAY das Hypothetische, was ihm in der Einschiebung der Kräfte zu liegen schien, sehr zuwider. Dazu kam, daß er gewisse Eigenschaften, welche die Physiker den Kräften beilegten, sich nicht vorstellen konnte; namentlich polemisirte er von Anfang an gegen die Vorstellung von der Wirkung in die Ferne durch den leeren Raum, und es gelang ihm in der That, für diejenigen Erscheinungen, für die er sich am meisten interessirte, nämlich für die magnetischen und elektrischen Kräfte, eine Deutung zu finden und auch die damit zusammenhängenden Thatsachen nachzuweisen, welche die bis dahin angenommenen Fernkräfte für die magnetischen und elektrischen und elektro-magnetischen Erscheinungen fallen ließ. FARADAY war durch diese Art seiner Anschauung gezwungen, sich seine eigene Nomenclatur zu bilden. Hierin war er aber nicht glücklich, denn es gelang ihm nicht, das Wesen dessen, was er erstrebte, methodisch klar zu machen. Seine Zeitgenossen wußten ihm in dieser Darstellung nicht zu folgen, und deshalb dauerte es lange, fast bis in die folgende Generation hinein, ehe sich Mathematiker fanden; welche den Sinn von FARADAYS' Bezeichnungsweise entziffern konnten; unter ihnen ist in erster Reihe MAXWELL zu nennen. Neben FARADAY und MAXWELL war es namentlich Sir WILLIAM THOMSON (der jetzige LORD KELVIN), welcher in der mathematischen Physik alle solche bildlichen und abstracten Ausdrücke zu vermeiden suchte. Später hat sich diesen auch GUSTAV KIRCHHOFF angeschlossen, der geradezu in der Vorrede zu seinem Lehrbuch der Mechanik sagt: Die Aufgabe der Mechanik ist, die in der Natur vor sich gehenden Bewegungen vollständig und auf die einfachste Weise zu beschreiben. Es kommt ihm also wesentlich nur auf eine genaue Beschreibung der Phänomene an. Was ich nun zu diesem Ausdrucke von KIRCHHOFF hinzufügen möchte, besteht darin, daß nun aber die möglichst vollständige und einfachste Beschreibung nur in der Art gegeben werden kann, daß man die Gesetze ausspricht, welche den Phänomenen zu Grunde liegen. Andererseits ist aber doch zu erwähnen, daß auch die abstracte Bezeichnungsweise ihre Vortheile hat, um das Gesetz als solches zu charakterisiren, und daß die Bildung eines solchen Abstractums mit seiner substantivischen Bezeichnung doch auch durch Momente gegeben ist, die ebenfalls in der Natur der Sache liegen. Wenn wir das Gesetz als solches aussprechen, so sprechen wir eine Erfahrung aus, von der wir voraussetzen dürfen, daß sie sich immer wiederholen wird, so oft die Bedingungen gegeben sind, unter denen das betreffende Phänomen zu Stande kommen kann. Das, was das Gesetz aussagt, tritt, wie wir wohl wissen und durch Erfahrung jeden Augenblick bestätigen können, unabhängig von unserem Vorstellen ein, unabhängig von unseren Wünschen. Wir wissen, daß wir durch die Vorstellungen, die wir gleichzeitig haben, gar keinen Einfluß auf den Ablauf der äußeren Processe auszuüben im Stande sind, und wir können daher mit einer vielfach noch gebrauchten Terminologie der philosophischen Wissenschaft diese Thatsachen, welche nach dem Gesetz zu Stande kommen, bezeichnen als ein Nicht-Ich, als Etwas, was nicht von unserem Vorstellen, von unserem Bewußtsein, von unserem Willen und unseren Wünschen abhängig ist, was wir nur als Thatsache constatiren können, wenn es eintritt. Je genauer und eingehender unsere Untersuchung ist, desto mehr überzeugen wir uns, daß der Eintritt dieser Phänomene nur abhängig ist von gewissen äußeren Bedingungen, aber ganz unabhängig von den Vorgängen in unserer Seele. Wir müssen das Gesetz also als Etwas anerkennen, was ganz unabhängig von unserem Vorstellen und unseren Wünschen vor sich geht, und wir müssen ferner anerkennen, daß diese betreffenden Erscheinungen eintreten werden in jedem beliebigen Augenblick, wo die Vorbedingungen gegeben sind, so daß diese Macht, die uns da gegenübertritt und welche ohne unser Eingreifen und ohne unser Vorstellen solche eigenthümlichen Erfolge hervorrufen kann, anerkannt werden muß als etwas Dauerndes, was in jedem Augenblicke wirkungsbereit vorhanden ist, und zwar als etwas Mächtiges vorhanden ist, das seine Wirkung eventuell gegen unseren Willen und gegen unsere Wünsche durchsetzt. Darin liegt doch mehr, als in der bloßen Auffassung einer Thatsache als Thatsache, und wir pflegen nun solche Dinge, welche beharrlich bestehen und welche sich als mächtig erweisen und die Außenwelt zwingen, ohne daß wir selbst einzugreifen brauchen, mit den Namen zu bezeichnen, die wir für thatsächlich bestehende

Dinge anzuwenden pflegen, und dadurch ist also, wenn wir es richtig auffassen, die Bezeichnung einer solchen Kraft als eines dauernd bestehenden Agens vollkommen gerechtfertigt. Erst durch diese Bezeichnungsweise ist ausgesagt, daß das Gesetz, das wir gefunden haben, nun auch in jedem Augenblicke wirkungsbereit ist und in jedem Augenblicke seine Macht erweisen kann. Das ist offenbar der wesentliche Grund gewesen, weshalb die Menschen allgemein zu der substantiven Bezeichnung übergegangen sind und vorgezogen haben, statt von Gesetzen von Kräften zu sprechen, obgleich dem thatsächlichen Sinne nach, was nicht oft genug wiederholt werden kann, der substantive Ausdruck, bei welchem wir von einer Kraft sprechen, die in bestimmter Weise wirkt, factisch nichts anderes bezeichnet und keinen andern reellen Inhalt hat, als daß wir dadurch ausdrücken: das Gesetz wird sich zeigen in jedem Falle, wo die Bedingungen für seine Erscheinung gegeben sind. Von diesem hypothetischen Substantivum, als welches wir die Kraft betrachten müssen, wissen wir weiter nichts, als daß es in seinem Wesen liegt, die bestimmte Wirkung hervorzubringen. Zunächst ist nun zu bemerken, daß wir in Folge der außerordentlich großen Mannigfaltigkeit der äußeren Erscheinungsweise auch die allerverschiedensten Arten von Kräften annehmen.

Die Beschleunigung der Weltkörper gegen einander bezeichnen wir als die Wirkungen einer Anziehungskraft, welche die schweren Körper gegen einander ausüben; bei der Lichtbrechung reden wir von einer Lichtbrechungskraft, die wir den durchsichtigen Körpern zuschreiben; in anderen Fällen finden wir, daß bestimmte Zusammensetzungen von Metallen und leitenden Flüssigkeiten elektrische Ströme hervorbringen, und indem wir die Stärke dieser elektrischen Ströme messen und die Bedingungen genauer bestimmen, unter denen sie eintreten und von denen ihre Stärke abhängt, sprechen wir von der elektro-motorischen Kraft einer galvanischen Batterie, u. s. w. Kurz, wir nehmen also die verschiedenartigen Kräfte an und machen in dieser Hinsicht zunächst keine Beschränkung. Später, wenn wir die Kräfte im Einzelnen untersuchen, werden wir allerdings auf besondere Betrachtungsweisen stoßen, welche einen gewissen Zusammenhang und eine gewisse Verwandtschaft zwischen den einzelnen Kräften nachweisen.

Es läßt sich leicht zeigen, daß diese Abstracta, Kraft und Naturobjecte oder Körper, denen wir die Kraft zuschreiben, nicht von einander getrennt werden können. Wenn wir von Bewegungskräften reden, so pflegen wir das, was bewegt werden kann, einfach als die Masse oder als die bewegliche Materie zu bezeichnen. Eine Kraft ohne Materie hat keinen Sinn; das würde einem Gesetze entsprechen, welches da von Veränderungen spräche, wo keine Objecte wären, welche verändert werden könnten. Ein solches Gesetz würde sich selbst widersprechen und sich selbst aufheben; und eben so wenig würde es einen Sinn haben, von Materie ohne Kraft zu sprechen; denn solche materiellen Gegenstände könnten keinen Veränderungen unterworfen sein, da Veränderungen immer die Existenz einer Kraft voraussetzen. In dieser einfachen Betrachtung zeigt sich schon, daß das materielle Object und die Kraft zwei Abstracta sind, die nicht von einander getrennt werden dürfen, welche einen bestimmten Sinn nur in ihrer gegenwärtigen Beziehung und in ihrer Vereinigung haben.

Mannigfache Irrungen sind in der Wissenschaft dadurch entstanden, daß man den eigentlichen Sinn, der mit dem Worte „Kraft" zu verbinden ist, vergaß und das, was mit einem substantivischen Wort ausgedrückt wurde, nun auch als ein reelles Ding auffaßte, das unabhängig existiren könnte.

Es war lange Zeit, namentlich in den physiologischen Wissenschaften, die Rede davon, daß möglicherweise die „Lebenskräfte" losgelöste Kräfte sein könnten, welche nicht von einer Materie abhängen, und daß man ebenso die Seele des Menschen als eine Kraft betrachten könne, die an keiner Materie haftete, die also losgelöst wäre von den Objecten, an denen die Aenderung vor sich gehen soll. Das hat aber, sobald man sich über die Entstehung der Begriffe von Kraft und Materie klar ist, keinen Sinn mehr.

Man hatte bei jenen Anschauungen den ursprünglichen Sinn der Bezeichnungsweise vergessen und betrachtete die abstracten Bezeichnungen als Bezeichnungen wirklicher Dinge.

Daß dergleichen Irrthümer vorgekommen sind und daß daran sich allerlei falsche und unzulässige Vorstellungen in der Entwicklungsgeschichte der Wissenschaft geknüpft hatten, hat späterhin das Mißtrauen gegen diese ganze Bezeichnungsweise hervorgerufen, und manche, welche solche Irrthümer unbedingt vermeiden wollten, veranlaßt, von jeder abstracten Bezeichnung abzusehen und ihre Darstellung der Naturvorgänge auf eine bloße Beschreibung auch dem Wortlaute nach zu reducieren.

Wir haben noch eine andere Bezeichnung, die sich auf diese Verhältnisse bezieht, freilich mit einer gewissen Modification der Bedeutung. Es ist das die „Ursache". Wir bezeichnen die Kräfte insofern, als sie als der Grund vorgestellt werden, welcher Veränderungen hervorbringen kann, auch als die Ursachen der eintretenden Veränderungen. Wenn wir nun die Bezeichnung „Ursache" ihrer Etymologie nach betrachten, so finden wir, daß mit der Vorsatzsilbe „ur" Etwas hinter den Erscheinungen Verborgenes bezeichnet wird. „Sache" ist die Bezeichnung für ein dauernd bleibendes Ding, für etwas Bestehendes. Das Wort „Ursache" würde also seiner Etymologie nach, die hier genau mit dem Wortsinne übereinstimmt, das Bestehende bezeichnen, was hinter den Veränderungen, die wir wahrnehmen, verborgen ist, also den verborgenen dauernd bestehend bleibenden Grund der Erscheinungen. Das stimmt aber mit dem, was wir über den Begriff der Kraft dargelegt haben, völlig überein; denn wir sehen, daß die Kraft nur deshalb von uns als etwas dauernd Bestehendes aufgefaßt werden kann, weil sie in jedem Augenblicke bereit ist, wirkungskräftig einzugreifen.

In dem Begriffe des Gesetzes der Erscheinungen liegt schon alles, was wir in diesen weiteren Benennungen hinzufügen. Durch diese wird nur der Begriff der Dauer und der stetigen Wirkungsbereitschaft mehr hervorgehoben. Wenn wir das Causalitätsverhältnis für alle Veränderungen in der Natur als nothwendig betrachten, d. h. also annehmen, daß jede Veränderung in der Natur ihre zureichende Ursache haben muß, so können wir dieses auf Grund unserer ebengemachten Darlegungen auch anders ausdrücken, indem wir sagen: Alle Veränderungen in der Natur müssen gesetzlich vorgehen. Da wir die Naturerscheinungen nur dann begreifen, wenn sie in allen ihren Theilen gesetzlich und nur gesetzlich vorgehen, so können wir den Satz von der Causalität auch in der Form: „Alle Naturerscheinungen müssen begreiflich sein" formulieren. Sobald die Gesetzlichkeit der Naturerscheinungen gegeben ist, dann haben wir auch damit gesagt, daß das Gesetz fortbesteht, wirkungsbereit in jedem Augenblick, und wir sind berechtigt ein solches Gesetz in dem Sinne der angegebenen Worte als Ursache für die Erscheinungen zu bezeichnen. Der Causalitätssatz ist ein Satz, den wir eigentlich aus der Erfahrung nicht beweisen können. Denn wenn wir nicht das Causalitätsgesetz schon haben, so können wir aus keiner vor sich gehenden Erscheinung schließen, daß sie von einer bestimmten Ursache ausgehen müsse. Wir müssen das Causalitätsgesetz schon anwenden, um zuerst zur Vorstellung der Kraft und der Ursache zu kommen. Es ist daher der Causalitätssatz in der That ein von formalen Bestimmungen unseres Denkvermögens abhängiger Satz a priori, denn wir könnten, wie gesagt, nicht zu der Vorstellung irgend einer Ursache oder zur Anerkennung einer Ursache kommen, wenn wir nicht an die Natur mit der Vorstellung herantreten, daß es immer möglich sein muß, Ursachen zu finden. Wenn wir nun anfangen, nach Ursachen zu suchen, so finden wir zwar ein gutes Theil von Erscheinungen, in denen wir wirklich die Ursachen bezeichnen und bei denen wir die vollständige und strenge Gesetzmäßigkeit nachweisen können; doch muß andererseits auch hervorgehoben werden, daß unsere Kenntniß der Naturerscheinungen noch lange nicht so weit ist, um als empirischen Satz zu folgern: „Alle Naturerscheinungen sind begreiflich." Wir müssen uns stets erinnern, daß wir bei großen Klassen von Naturerscheinungen, wie vor allem bei den Erscheinungen des organischen Lebens in den Thieren und Pflanzen, bisher noch so weit von einer vollständigen Erkenntniß ihrer Ursachen entfernt sind, daß es ein sehr gewagter Schluß sein würde, a posteriori aus der großen Reihe von bereits begreifbaren Naturerscheinungen auf die allgemeine Begreiflichkeit zu schließen. Bei anderen Gruppen, z. B. den meteorologischen Erscheinungen, welche jetzt zwar noch nicht völlig auf ihre Ursachen zurückgeführt sind, ist es freilich wahrscheinlich, daß sie sich schließlich werden begreifen lassen.

§ 7. Die Hypothese als Vorstufe des Gesetzes

Unsere Aufgabe ist also, die Gesetze der Naturerscheinungen zu suchen. Wir haben dazu keinen anderen Weg, als daß wir die Naturerscheinungen beobachten. In diesen kommen nun aber die Gesetze gewöhnlich nicht so ohne Weiteres zum Vorschein; sondern meistentheils sind die Umstände, unter denen die Veränderungen in der uns umgebenden Natur vor sich gehen, so außerordentlich verwickelt, daß wir selbst bei Experimenten, die wir zu diesem Zwecke anstellen, nur sehr selten im Stande sind, das Gesetz in seiner einfachsten Wirkungsweise und für die unmittelbare Wahrnehmung offen vor uns liegend zu erkennen.

Gewöhnlich sind wir daher darauf angewiesen, versuchsweise Gesetze zu bilden und dann zu untersuchen, ob diese Gesetze in allen einzelnen Fällen, die wir durch künstliches Experimentiren herbei führen können, sich als richtig erweisen. Es ist das im Ganzen ein langsames und mühsames Suchen; denn die erste Aufstellung eines Gesetzes wird immer nothwendig den Charakter der Hypothese haben, sie kann nicht gleich absolute Sicherheit gewähren und bedarf einer Verification, die in den meisten Fällen ein sehr zeitraubendes Geschäft ist. Wenn also auch nothwendiger Weise der Weg der Untersuchung bei den Naturwissenschaften durch Hypothesen hindurchführt, so darf doch nie vergessen und verkannt werden, daß diese Hypothesen nur dazu dienen sollen, die Anhaltspunkte für die spätere Formulirung des Gesetzes zu liefern. Bei der Aufstellung der Hypothesen ist es immer vortheilhaft, sie so zu bilden, daß sie für jeden einzelnen Fall, auf den wir sie anwenden wollen, ein ganz bestimmtes und eindeutiges Resultat geben. Es ist ein falscher Weg, wenn man glaubt, die ursprünglichen Hypothesen unbestimmt und allgemein halten zu können. Zur Aufstellung solcher Hypothesen gehört stets ein gewisser Erfindungsgeist; es ist gleichsam ein Rathen, und es wird im Allgemeinen nur Derjenige zum Ziele kommen, welcher geschickt zu rathen weiß. Meistentheils geht das in der Weise vor sich, daß der einzelne Beobachter, der in einem bestimmten Abschnitt der Physik eine Reihe von Einzelbeobachtungen macht, zunächst versucht, diese ihm bekannten Fälle unter ein bestimmtes Gesetz probeweise zusammenzufassen, und dann überlegt, ob noch andere ihm bereits bekannte Fälle, wo er den Ablauf der Erscheinungen schon gesehen hat, existiren, die unter seine Definition fallen, d. h. in die Classe der Fälle, auf welche sich das von ihm probeweise formulirte Gesetz bezieht. Sodann aber werden sich meistens auch neue Fälle angeben lassen, die unter das Gesetz gehören sollten und deren Erfolg noch nicht verificirt ist. Diese in ihrem Erfolge bisher noch unbekannten Fälle sind nun, soweit das möglich ist, thatsächlich durch das Experiment herbeizuführen, um zu ermitteln, ob sie nun auch unter das Gesetz passen. Dadurch wird aus der methodischen und principiell richtig fortschreitenden wissenschaftlichen Untersuchung das hypothetische Element um so mehr heraus geschafft, je weiter die betreffende Untersuchung ins Specielle durchgeführt werden kann. Das Wissenschaftliche an diesem Verfahren besteht darin, daß wir uns möglichst vollständige Kenntniß von der gegebenen Classe der Naturerscheinungen zu verschaffen suchen, theils, indem wir unmittelbar beobachten, was sich von selbst unserer Erfahrung darbietet, theils, indem wir absichtlich noch nicht beobachtete Fälle herbeizuführen suchen, namentlich solche, die zwar unzweifelhaft in den Bereich des Gesetzes hineingehören, die aber doch in irgend einer wesentlichen Beziehung von den bisher beobachteten uns bekannten Fällen abweichen.

§ 8. Die Vollständigkeit der wissenschaftlichen Erfahrungen und ihre praktische Bedeutung

Das eben geschilderte Verfahren, eine bloß probeweise aufgestellte Hypothese als ein allgemein giltiges Gesetz nachzuweisen, geht im Wesentlichen darauf hinaus, möglichst vollständige Kenntniß aller einzelnen Fälle zu suchen. Dadurch, daß wir ein Gesetz für sie aufstellen, haben wir nun noch den weiteren Vorteil, daß wir eine bestimmte Controlle bekommen, theils über die Vollständigkeit in der Uebersicht der Fälle, theils auch dafür, daß uns kein gegentheiliger Fall, der unserem Gesetze widerspricht, gleichsam durchschlüpft, denn je mehr wir aufmerksam geworden sind auf das Gesetz und je mehr wir daran gewöhnt sind, das Gesetz in allen Fällen bestätigt zu sehen, desto auffälliger wird uns auch jeder Fall, der dem Gesetze widerspricht. Wenn wir es mit regellosen Fällen zu thun hätten, so würden wir leicht einen einzelnen widersprechenden Fall übersehen können; aber gerade dadurch, daß wir alle uns vorkommenden Fälle mit dem Gesetz vergleichen, werden wir mit der Zeit den höchsten Grad der Sicherheit erhalten, daß kein Fall existirt, der ihm widerspricht.

Die echte Wissenschaft, nach richtiger Methode durchgeführt, ist in der Kenntniß der einzelnen vorkommenden Fälle und ihres Ausgangs außerordentlich viel besser unterrichtet, als irgend ein dilettantisches Wissen es sein kann, das durch Zufall sich in der Erfahrung eines einzelnen Menschen zusammengehäuft hat. Man hört sehr oft Aeußerungen, die ganz abstruse Behauptungen über das enthalten, was die Wissenschaft über irgend einen gegebenen Fall aussage. Namentlich sind in der Socialpolitik und Moralwissenschaft solche falschen und unsinnigen Angaben über das, was die Wissenschaft angeblich behauptete und lehre, sehr häufig. Der verborgene, nur selten klar erkannte Grund zu solchen Irrthümern liegt in der Regel in der Verwechslung von versuchsweise aufgestellten Hypothesen mit festerprobten Gesetzen. Man hat vielfach die Vorstellung, daß die Wissenschaft nur ungegründete Hypothesen aufstelle und sich durch diese

Hypothesen irre leiten ließe. Nach dem, was wir aber soeben von der echten wissenschaftlichen Methode gesehen haben, ist die echte Wissenschaft nichts anderes als eine methodisch und absichtlich vervollständigte und gesäuberte Erfahrung, und zwar eine Erfahrung, welche viel vollständiger und viel sicherer ist, als jede durch Zufall zusammengekommene Erfahrung eines einzelnen nicht methodisch verfahrenden Menschen. Eben deshalb dürfen wir auf die echte Wissenschaft am meisten vertrauen und am meisten Wert legen.

Bei der Lösung unserer Aufgabe, die Gesetze für die einzelnen Naturerscheinungen zu suchen, müssen wir danach streben, möglichst allgemeine Gesetze zu finden, d. h. Gesetze, unter welchen sich möglichst viele einzelne Fälle begreifen lassen. Je mehr uns das gelingt, desto weiter reicht unsere Kenntniß im Einzelnen. Wenn wir das Gesetz einer Classe von Erscheinungen kennen, so wissen wir auch im Voraus anzugeben, was der Erfolg sein wird, wenn diese oder jene Bedingungen eintreten, und in vielen Fällen werden wir die Bedingungen sogar so wählen können, daß der von uns gewünschte Erfolg eintritt. Die richtige Kenntniß der Gesetze hat also nicht blos einen theoretischen Werth für die menschliche Einsicht und die Erkenntniß des Zusammenhanges des Ganzen, sondern sie hat auch einen ungeheuren praktischen Werth. Unsere ganze Herrschaft über die Natur und die Naturkräfte, wie sie sich namentlich in dem letzten Jahrhundert entwickelt, folgt aus dieser Kenntniß der Gesetze.

Sowie wir die Kenntniß der Gesetze besitzen, können wir zwei wichtige Dinge leisten, wir können erstens vorher wissen, was unter gegebenen Umständen geschehen wird, und das ist bekanntlich die einzig richtige Gabe der Prophezeiung, die dem Menschen gegeben ist. Jede Prophezeiung, die sich auf vollständige Kenntniß der Gesetze und der Umstände stützen kann, unter denen die Gesetze im gegebenen Falle wirken können, ist zuverlässig und sagt uns wirklich voraus, was nun geschehen wird. Zweitens sind wir — und das ist noch wichtiger — mittelst einer solchen vorgängigen Kenntniß der Gesetze in der Lage, die Naturkräfte nach unserem Willen und unseren Wünschen für uns arbeiten zu lassen. Die ganze Entwicklung der Industrie in der Neuzeit, und die ganze damit verbundene Aenderung in der Form des menschlichen Lebens und der menschlichen Thätigkeit, hängt wesentlich von dieser unserer Herrschaft über die Naturkräfte ab.

Zweiter Abschnitt:

Die Grundlagen der mathematischen Darstellung

§ 9. Die Darstellung der Erscheinungen in Integralen und Differentialgleichungen

Wenn wir uns eine Uebersicht über die Einzelfälle zu verschaffen suchen, welche in einem solchen allgemeinen Gesetz einbegriffen werden können, so finden wir, daß eine Menge Verschiedenheiten des Erfolges dadurch zu Stande kommen, daß die verschiedenen Naturkörper neben den wesentlichen Eigenschaften, die wir nicht abändern können, sehr verschiedene Form und Größe haben. Diese aber können wir in einer außerordentlich großen Zahl von Fällen nach unserer Willkür abändern, und somit dürfen wir Form und Größe der Körper, die wir unseren Versuchen unterwerfen, meistentheils als relativ leicht veränderliche Variable betrachten. Es wird dann unsere Aufgabe werden, uns in der Ausdrucksweise für die Naturgesetze von den Zufälligkeiten zu befreien, welche durch die Form und Größe bedingt sind. Außerdem müssen wir aber auch noch unabhängig zu werden suchën von der Lage im Raum und der Dauer in der Zeit. Je mehr uns das gelingt, in desto weiterem Umfange werden unsere Gesetze gültig sein können. Um von der Form unabhängig zu werden, müssen wir uns bestreben, Ausdrücke zu gewinnen, in denen die Form, in welcher die Körper auftreten, nicht mehr vorkommt, die also gegeben sind durch die ganz allgemeinen Raumverhältnisse, ohne daß wir auf eine bestimmte Form Rücksicht zu nehmen brauchen. Es sind nun bisher zwei Wege beschrieben worden, um sich von der Bezugnahme auf eine bestimmte Form frei zu machen. Jeder Naturkörper kann im Allgemeinen als ein Aggregat kleinster Theilchen angesehen werden, welche man sich nun entweder als Punkte, sogenannte materielle Punkte, d. h. Partikelchen von Massen, die so klein sind, daß wir keine Ausdehnungen an ihnen und auch keine Richtungen in ihnen zu unterscheiden brauchen, oder als körperliche Volumenelemente vorstellt, d. h. als Volumenelemente des Raumes, die mit Materie gefüllt sind. An einem punktförmigen Raumgebilde sind keine Seitenrichtungen zu definiren, denn durch einen Punkt kann man unterschiedslos nach allen Richtungen gerade Linien ziehen, während man sich bei körperlichen Raumelementen noch ein Coordinatensystem in das betreffende Volumen eingelagert denken kann und wir somit in dem Volumen bestimmte feste Richtungen unterscheiden können, die möglicher Weise verschiedene physikalische Eigenschaften haben.

In einer großen, vielleicht unbegrenzten Zahl von Fällen können wir nun die Wirkungen, welche durch ausgedehnte Körper hervorgebracht werden, als die Summe derjenigen Wirkungen betrachten, die von den einzelnen materiellen Punkten in dem mit Materie gefüllten Raume hervorgebracht werden, d. h., wir können die von den Körpern ausgehenden Kräfte auf solche Kräfte zurückführen, die von den einzelnen materiellen Punkten ausgehen und immer nur von der Lage je eines dieser Punkte abhängen. In anderen Fällen aber dürfen wir das nicht. Sondern, wenn wir es versuchen wollten, die Gesammtwirkungen in die Wirkungen von Punkten auf einander zu zerlegen, so würden wir mit unmittelbar benachbarten Punkten zu rechnen haben, die also beliebig kleine Entfernung von einander besitzen, und dafür fehlt uns bisher meistentheils noch die Kenntniß der Gesetze, nach welchen solche nahe an einander liegenden Punkte auf einander wirken. Wenn wir auf getrennte materielle Punkte zurückgehen können, so ist unsere Betrachtungsweise einfacher, denn wir haben dann nur die Wirkungen von Punkten auf einander zu berücksichtigen, welche selbst in einer gewissen Entfernung von einander liegen.

Das sind die beiden Grenzformen, auf welche wir in unserer Analyse der räumlichen Zusammensetzungen der Wirkungen zurückzugehen pflegen. In dem Umstande, daß wir die Wirkungen ausgedehnter Körper auf Wirkungen von Massentheilen zurückführen können, die sehr klein sind oder die so weit von einander entfernt sind, daß man ihre Durchmesser gegen ihre Entfernungen vernachlässigen kann, liegt der Grund, warum die theoretische Physik überwiegend mathematisch wird. Wir müssen dabei nämlich Additionen von den Wirkungen vornehmen, welche die einzelnen Punkte oder Massenelemente des einen Körpers auf die einzelnen Punkte oder Massenelemente des anderen Körpers ausüben. Diese Additionen erfordern in den meisten Fällen, daß wir Summen bilden, deren einzelne verschwindend kleine Theile verschiedene Größe haben und namentlich von der Entfernung der Punkte, die auf einander wirken, abhängig sind, so daß wir Summen von einer Reihe von Elementen zu bilden haben, die sich mit der Lage der Theilchen ändern. Solch eine Summe wird rechnungsmäßig immer als ein Integral darzustellen sein; oder wenn wir das Integral auflösen wollen, so werden wir Differenzirungen ausführen müssen. In den meisten Fällen wird die Folge davon sein, daß das Gesetz die Form einer Differentialgleichung erhält und daß die Folgerung, welche wir aus dem Gesetze herleiten wollen, sich in der Form von Integralen dieser Differentialgleichung darstellen wird. Es giebt nur wenige Fälle, wo alle Elemente der zu bildenden Summe gleich sind; das ist z. B. der Fall, wo wir einen ausgedehnten schweren Körper auf eine Waage legen und der Wirkung der irdischen Schwere aussetzen, dann ist der Mittelpunkt der Schwerwirkung ungefähr im Mittelpunkt der Erde und er ist von allen den einzelnen Theilen der schweren Masse, die wir abwägen wollen, so weit entfernt, daß wir die Unterschiede dieser Entfernungen vernachlässigen können. Wir können in diesem Falle alle Kräfte, mit denen die Erde auf die einzelnen Theile des Gewichtes einwirkt, als gleich groß betrachten; und wenn wir eine Summe von lauter gleich großen Elementen zu bilden haben, so brauchen wir nicht zu integriren, sondern können sie durch Multiplication finden.

Ebenso wie die Verschiedenheit im Raum kommt nun auch die Verschiedenheit in der Zeit in Betracht. Wenn die aufeinander wirkenden Körper sich gegenseitig bewegen und allmählich ihre gegenseitige Lage ändern, so wird die Wirkung während dieser Zeit nach einem bestimmten Gesetz, das von der Bewegung abhängt, sich ändern, und wenn wir diese Wirkungen nun während einer gewissen Zeit zu addiren haben, so tritt uns die Aufgabe entgegen, eine continuirliche Reihe von veränderlichen Größen zu summiren, was uns wieder auf den Proceß der Integrirung führt, während bei dem umgekehrten Verfahren die Differentiirung nothwendig wird.

Die meisten Aufgaben der mathematischen Physik können wir also nur dadurch lösen, daß wir integriren oder differenziren, und nur in wenigen besonders einfachen Fällen, z. B. bei der Geschwindigkeit eines frei fallenden Körpers, sind die einzelnen zu summirenden Theile, das sind hier die Zunahmen der Fallgeschwindigkeit, welche die Schwere hervorbringt, fortdauernd von derselben Größe. In solchen einfachen Fällen ist die Aenderung in der Zeiteinheit einfach mit der Zeit zu multipliciren. Diese verhältnismäßig wenig zahlreichen Fälle werden besonders in der „Experimentalphysik" vorgetragen, da man hier die Methode, wie Gesetze gefunden und aus ihnen Folgerungen gezogen werden, an solchen Fällen demonstriren muß, bei denen man nicht auf complicirtere und schwierigste Rechnungsarten geführt wird und wo die sinnliche Erscheinung und deren Verständniß möglichst wenig durch die Schwierigkeit der mathematischen Behandlung beeinträchtigt werden soll. Wenn man aber zu einer vollständigen und eindringenden Kenntniß der Gesetze kommen will, muss man auch zu den verwickelteren Theilen der mathematischen Analyse seine Zuflucht nehmen, weil man sich nicht auf den einen oder den anderen Fall beschränken kann. Stets muss man dann die Phänomene ohne Auswahl beobachten und den Ausdruck der aus den Beobachtungen abgeleiteten Gesetze von den Complicationen zu befreien suchen, welche durch Ausdehnung und Bewegung der Körper hinein gebracht werden. Das ist in der Regel aber nicht möglich, ohne daß man bereit ist, auch in die schwierigeren mathematischen Untersuchungen einzugehen. Ja, es ist klar, daß man bei wirklich vollständiger Kenntniß der Physik bereit sein müßte, die Gesetze an jeder noch so complicirten Combination von Naturkörpern und ihren Bewegungen zu prüfen. Es kann sich z. B. die Astronomie nicht die Fälle aussuchen, welche ihr erlauben, Integrationen und Differentiationen zu vermeiden, sondern sie muß bereit sein, in allen durch die Umstände gegebenen, wenn auch noch so complicirten Fällen die Rechnung durchzuführen. Es mag hier noch bemerkt sein, daß vielfältig von Seiten der reinen Mathematiker die mathematische Physik mit dem Zwecke betrieben wird und betrieben worden ist, interessante Beispiele für schwierige mathematische Probleme zu finden und zu behandeln; wie denn auch in der Entwicklungsgeschichte der Mathematik ein großer Theil der mathematischen Disciplinen sich an den Beispielen ausbildete, welche zunächst die Physik dargeboten hat. Das ist hier nicht unser Zweck. Wir wollen hier eine möglichst klare und übersichtliche Einsicht von den physikalischen Gesetzen, d. h. von den Grundgesetzen der Natur und deren Anwendung für die einzelnen Classen der Naturkörper, geben. Soviel wie möglich wollen wir uns dabei an einfache Beispiele halten. Wir wollen Physik treiben, keine Mathematik, und wollen uns den Weg so leicht machen, als es möglich ist; es wird aber trotzdem die Vollständigkeit der zu erlangenden Einsicht ein gewisses Eindringen in die größeren Tiefen der mathematischen Analysis erfordern.

§ 10. Der Begriff der Gleichheit

In der ersten Definition des Naturgesetzes haben wir gesagt, wir wollen Classen von Fällen suchen, in denen eine gewisse Gleichheit der Vorgänge stattfindet. Da stoßen wir zunächst auf den Begriff des Gleich, und es fragt sich, wo ist denn der Begriff des Gleich hergekommen und was bedeutet er? Wenn wir ihn auf einen gewissen Fall anwenden wollen, so müssen wir doch von vorn herein entscheiden können, ob er für diesen Fall paßt, und um darüber entscheiden zu können, werden wir eine Definition haben müssen. Wie ist die Definition zu geben? Sollen wir sagen, zwei Größen sind einander gleich, wenn sie für einander gesetzt werden können? Dagegen ist einzuwenden, daß man zwei Größen niemals in allen Fällen für einander setzen kann. Man kann zwar z. B. zwei gleiche Gewichte für einander setzen. Wenn man das eine Gewicht von der Waage nimmt, und das andere statt dessen darauf legt, so wird die Waage sich ebenso einstellen, wie sie vorher eingestanden hat, und die zwei Gewichte können also für einander gesetzt werden, insofern es sich um Beobachtungen der Schwere von zwei Körpern handelt. Man kann, um ein anderes Beispiel zu nennen, zwei Körper am Thermometer vergleichen und finden, daß die beiden Körper gleiche Temperatur haben und daß ein und dasselbe Thermometer in Berührung mit den beiden Körpern gleichen Stand annimmt. Dann kann man in Bezug auf die thermometrischen Angaben sagen, daß die beiden Körper sich gegenseitig vertreten können. Man kann zwei Flächen in Bezug auf ihre Helligkeit vergleichen und finden, daß bei gleicher Beleuchtung die beiden gleich hell erscheinen und keinen Unterschied im Gesichtsfelde erkennen lassen. Aber in allen diesen Fällen sind die als gleich erklärten Größen nur in gewisser Beziehung einander gleich. Es gehört, um über die Gleichheit zu entscheiden, die Kenntniß der Methode dazu, nach der die Vergleichung ausgeführt werden soll. Es können zwei Gewichte gleich schwer sein, sie können aber sehr verschiedene Temperatur und können sehr verschiedene Helligkeit haben; die Gleichheit der einen Beziehung läßt nicht auf Gleichheit der andern Beziehungen schließen, und es wird immer noch nöthig sein, daß wir eine weitere Bestimmung darüber hinzufügen, in welcher Weise die beiden Körper verglichen werden sollen. Zugleich bemerken wir, daß die Ungleichheit der allgemeinere Fall ist und die Gleichheit einen besonderen Ausnahmsfall bildet. Wir werden bei der Vergleichung zweier Körper in der Regel die Schwere oder die Temperatur oder die Helligkeit ungleich finden; aber es wird möglich sein, die Eigenschaften des einen Körpers zu ändern, daß Gleichheit eintritt.

Nun ergiebt sich aber noch eine nähere Bestimmung des Begriffs der Gleichheit, welche wir eigentlich als zur Definition gehörig bezeichnen können, eine Bestimmung, die sich ausdrückt in dem gewöhnlich als erstes Axiom der Arithmetik angegebenen Satze: Wenn zwei Größen einer dritten gleich sind, so sind sie unter sich gleich. In dieser allgemeinen unbestimmten Fassung ist der Satz offenbar nicht richtig, sondern es kann eine Größe z. B. in ihrem Gewicht einer zweiten gleich sein, und eine dritte kann der zweiten in Bezug auf die Farbe gleich sein. Das würde keinerlei Gleichheit zwischen der ersten und dritten bestimmen. Aber der Satz ist richtig und von großer Wichtigkeit, wenn wir ihn auf solche Größen anwenden, die nach derselben Beobachtungsmethode verglichen werden. Solche Größen wollen wir in Bezug auf die Beobachtungsmethode als gleichartig bezeichnen. Hier können wir dieses arithmetische Axiom eigentlich als die Definition einer Gleichheit betrachten. Es muß das Axiom erfüllt sein für die Fälle, wo wir zwei Paare von Größen unter einander als gleich anerkennen sollen. Um das zu erläutern, wollen wir z. B. annehmen, wir würden zwei Gewichte dadurch vergleichen, daß wir sie auf die beiden Schalen einer Waage legen, und würden sie für gleich erklären, wenn die Waage einspielt. Man sieht sogleich, daß diese Definition der Gleichheit nur dann dem arithmetischen Axiom entspricht, wenn die Waage genau gleicharmig ist. Denn an einer ungleicharmigen Waage würde an dem längeren Arm das Gewicht a etwas kleiner sein müssen, als das Gewicht b an dem kürzeren Arm, wenn die beiden sich im Gleichgewicht halten sollen. Würde nun ein drittes Gewicht c in derselben Weise mit b verglichen wie b mit a, so käme b an den längeren Arm und c auf den kürzeren. Spielt jetzt wieder die Waage ein, so würde sie nicht mehr einspielen können, wenn c in derselben Weise mit a verglichen wird, wie b mit a verglichen wurde. Diese Definition der Gleichheit durch das Einspielen einer ungleicharmigen Waage wäre nicht zulässig, weil sie dem Axiom widerspricht, daß zwei Größen, die einer dritten gleich sind, auch unter einander gleich sind. In ähnlicher Weise könnte es zunächst als zweifelhaft erscheinen, ob man in Bezug auf die Temperaturen die Definition der Gleichheit so geben darf, wie es oben geschah, weil die Art, wie wir einen Körper erwärmen, sehr verschieden sein kann. Werden zwei Körper in Bezug auf die Temperatur gleich genannt. die so in Berührung gebracht sind, daß die Wärme von dem wärmeren zum kälteren übergehen kann, so ist von vorn herein noch nicht gewiß, ob diese Definition zulässig ist. Erst durch den Versuch überzeugen wir uns, daß ein dritter Körper, z. B. ein Thermometer, das mit dem ersten Körper gleiche Temperatur hat, auch mit dem zweiten in der Temperatur übereinstimmt. Aber wir würden nicht berechtigt sein, ehe wir entsprechende Experimente gemacht haben, zu schließen, daß die Art der Erwärmung, also z. B. durch einen chemischen Prozeß oder durch die Sonne oder durch Reibung, für die thermometrische Wirkung nicht in Betracht kommt, daß also die thermometrische Wirkung unabhängig ist von der Art der Wärme, die wir angewendet haben. Wir müssen anerkennen, daß das ein empirischer Satz ist, und in der That ist er ja im Wesentlichen nichts Anderes als der zweite Hauptsatz der mechanischen Wärmelehre, aus dem eine Menge anderer Sätze hergeleitet ,werden. Zur Definition der Gleichheit gehört also der Satz, daß zwei Größen, die einer dritten gleich sind, auch unter einander gleich sind. Nur solche Untersuchungsmethoden dürfen zur Definition der Gleichheit verwendet werden, für die das arithmetische Axiom erfüllt ist. Ob es erfüllt ist, wird durch das Experiment entschieden.

§ 11. Vergleichung ungleichartiger Körper

In der Natur haben wir es selten mit Fällen zu thun, wo eine größere Anzahl von Naturkörpern vollständig gleich sind. Auch selbst wenn sie gleichartig sind, so stehen sie nicht immer in einem solchen Verhältnis zu einander, daß man sie gleich setzen kann, sondern wir haben meistentheils mit Fällen zu thun, wo in Bezug auf die zu vergleichende Eigenschaft die einzelnen Naturkörper gewiße Größenverschiedenheiten zeigen. Den Begriff der Gleichartigkeit hatten wir oben so definirt, daß als gleichartig solche Körper zu betrachten sind, welche nach derselben Methode unter einander verglichen werden dürfen. Aber gleichartige Körper können noch immer in der Größe gleich oder ungleich sein. Wir kommen dadurch zu der Aufgabe, ungleich große, aber gleichartige Körper mit einander zu vergleichen. Ist es möglich, eine Methode der Vergleichung so auszuführen, daß man den einen Körper einem Aggregat zweier oder mehrerer Körper gleich setzt? Zu dem Ende müssen wir untersuchen, nach welchen Gesetzen sich zwei Körper in Bezug auf eine Eigenschaft oder eine Wirkung zusammensetzen oder, wie GRASSMANN sagt, mit einander verknüpfen lassen. Unter Verknüpfung versteht GRASSMANN irgend eine Art der Verbindung, sei es begrifflicher Verbindung, wie sie beim Zählen vorkommt, oder natürlicher Verbindung, wie sie bei allerlei Arten von Zusammenwirken verschiedener Körper vorkommen kann, wobei es z. B. auf die Größe oder auf das Gewicht oder auf die Raumdimensionen oder auf mannigfaltige andere Arten des Zusammenwirkens ankommen kann. Man kann sagen, daß der größte Teil der Aufgaben, mit denen wir uns in der mathematischen Physik zu beschäftigen haben, mit Arten der Zusammenfassung oder der Verknüpfung zu thun hat, bei welcher das Resultat wie das Resultat einer Addition durch eine Summe dargestellt wird. Wir können uns aber nicht auf die Art der Addition beschränken, wie sie etwa einfach dadurch gegeben wird, daß wir zwei Haufen von Körpern zusammenthun und durchzählen, sondern es kommen viele verschiedene Arten der Verknüpfung vor, die sachlich von der Zahlenaddition verschieden, aber durch dieselben Gesetze geregelt werden. Man denke z. B. an die Zusammensetzung gerader Linien in Bezug auf ihre Länge, oder an die Zusammensetzung von Dreiecken in Bezug auf ihre Fläche.

Wir setzen zwei gerade Linien in einer bestimmten Weise zu einer dritten geraden zusammen, von der wir sagen, daß sie der Länge nach der Summe jener beiden gleich sei; und ebenso können wir in einer bestimmten Weise zwei Dreiecke zu einem dritten Dreieck zusammensetzen, von dem wir sagen, daß es der Fläche nach der Summe jener beiden gleich sei. Und zahlreiche ähnliche Beispiele finden sich in der theoretischen Physik, wo eine gewisse Zusammensetzung der Größen Addition genannt wird, weil dieselben Gesetze erfüllt sind, die bei der Addition ganzer Zahlen gefunden und für den Begriff der Addition als wesentlich erkannt werden.

Welches sind nun diese für den Begriff der Addition wesentlichen Gesetze? Sie ergeben sich am einfachsten aus dem Begriff des Zählens.

§ 12. Der Begriff des Zählens und die Gesetze der Addition

Wenn wir die Anzahl eines Haufens von Gegenständen zu bestimmen haben, so ist dazu nur vorauszusetzen, daß die Gegenstände weder eine Theilung erleiden noch mit einander verschmelzen; sondern daß jeder Gegenstand eine abgesonderte Existenz besitzt und während des Zählens behält.

Es kann sich dabei um irgend welche Objecte handeln, die unsere Aufmerksamkeit auf sich ziehen, nur daß wir sie von einander müssen sondern können. Es können greifbare Dinge sein wie Münzen, Klötze, Eier, oder nicht greifbare wie Worte oder Töne oder Lichter, vorausgesetzt nur immer, daß jedes einzelne von diesen Objecten nicht mit den andern verschmelzbar ist und eine abgesonderte Existenz besitzt und diese während des Zählens behält. Die Anzahl der Objecte bestimmen wir in der Weise, daß wir eins nach dem andern absondern und von der Zahl eins angefangen jedes Mal die nächste ganze Zahl nennen nach ihrer Reihenfolge. Die letzte Zahl, zu der wir auf diese Weise kommen, heißt die Anzahl der gezählten Objecte. Die Zahlen sind im Wesentlichen nichts anderes als gewisse hörbare oder sichtbare oder fühlbare Zeichen, welche weiter keine wesentlichen Eigenschaften haben, als daß sie immer in einer bestimmten Ordnung wiederkehren sollen und jede einzelne von allen anderen unterscheidbar sein soll. Daß auf die Art dieser Zeichen gar nichts ankommt, das zeigt sich daran, daß in den verschiedenen menschlichen Sprachen ganz verschiedene Zeichen für die Zahlen gewählt worden sind. Für jedes Zeichen ist also wesentlich zu wissen, wie das folgende Zeichen lautet oder aussieht oder sich anfühlt. Wenn wir das wissen und wenn wir das erste Zeichen kennen, so können wir zählen.

So ist z. B. das Zählen ermöglicht, wenn wir festsetzen, das erste Zeichen sei das Zeichen 1, das folgende das Zeichen 2, das folgende 3 u. s. f., gleichgültig ob wir nun gerade diese oder irgend welche andere unterscheidbare Zeichen wählen. Die Festsetzung, daß z. B. das Zeichen 4 auf das Zeichen 3 folgt, wollen wir in der Gleichung ausdrücken:

$$3 + 1 = 4.$$

Das Zeichen + 1 zu 3 gefügt, soll also nur heißen, daß das folgende Zeichen genommen werden soll.

Die Möglichkeit des Zählens besteht in der Fähigkeit unseres Gedächtnisses, eine solche Reihenfolge von willkürlich gewählten Zeichen zu behalten und zu jeder Zeit in derselben Ordnung wieder zu produciren. Die Art der Zeichen ist dabei vollkommen gleichgültig.

Was nun den Begriff der Addition betrifft, so betrachten wir zwei Gruppen von Objecten, die wir zu einer Gruppe zusammenfügen. Wir addiren die Anzahlen der beiden Gruppen, indem wir die Anzahl der Objecte in der Gesammtgruppe feststellen. Das geschieht dadurch, daß wir die beiden Gruppen hinter einander abzählen. Nachdem wir mit der einen Gruppe fertig geworden sind, zählen wir weiter in der Reihenfolge der natürlichen Zahlen, indem wir die Körper der andern Gruppe allmählich zu dem Haufen gezählter Körper hinzufügen.

Besteht z. B. die erste Gruppe aus 3 Objecten und die zweite nur aus einem Object, so ist die Addition durch die Gleichung $3 + 1 = 4$ ausgedrückt, durch dieselbe Gleichung, welche die Beziehung der beiden auf einander folgenden Zeichen definirt. Besteht dagegen die zweite z. B. aus 4 Objecten, so zählen wir von 3 aus 4 Schritte weiter, d. h. wir zählen die Zahlzeichen, die auf 3 folgen, und bleiben bei dem vierten stehen. Dies Zeichen ist 7, und das Resultat drücken wir durch die Gleichung aus $3 + 4 = 7$.

Um dieses Verfahren auszuführen, brauchen wir aber keine Gruppen von körperlichen Gegenständen zu haben, sondern wir können das auch an rein imaginirten Vorstellungen machen, an unseren Zahlzeichen. Wir beginnen mit derjenigen Zahl, welche der letzten Zahl der ersten Gruppe folgt, und zählen die Zahlzeichen von hier ab durch, bis wir die der zweiten Gruppe entsprechende Anzahl abgezählt haben. Das letzte Zahlzeichen entspricht der Summe der beiden Zahlen. Sei nun a das Zahlzeichen der ersten Gruppe, b das Zahlzeichen der zweiten und s das Zahlzeichen der Gesammtgruppe, so schreiben wir

$$a + b = s,$$

um diesen Proceß zu bezeichnen, nach dem s gefunden wird. Für den speciellen Fall, wo $b = 1$ ist, geht s in die auf a folgende Zahl über.

Wenn nun in der zweiten Gruppe die Anzahl um eins größer wäre, so würde $b + 1$ an die Stelle von b treten. Dann würden wir auch beim Abzählen der Zahlzeichen, die auf a folgen, um eine Stelle weiter kommen. An die Stelle von s müßte also $s + 1$ treten. Damit erhalten wir das Gesetz:

$$a + (b + 1) = s + 1$$

oder anders geschrieben:

$$a + (b + 1) = (a + b) + 1.$$

Die Klammer bedeutet dabei, daß die Zahl gemeint ist, die sich als Resultat der in der Klammer bezeichneten Operation ergiebt. Wir können sagen, dies Gesetz enthalte die Definition der Addition, in so fern es lehrt, die Summe von a und $b + 1$ zu finden, wenn man die Summe von a und b schon kennt. Da die Summe $a + 1$ durch die Definition des Zählens gegeben ist, so ist mithin durch das Gesetz

$$a + (b + 1) = (a + b) + 1$$

die Addition vollständig definirt.

Aus diesem Gesetz folgt sogleich das Allgemeinere:

$$a + (b + c) = (a + b) + c.$$

Für $c = 1$ geht es in das vorige Gesetz über. Nun läßt sich zeigen, daß, wenn für irgend einen Werth von c das Gesetz erfüllt ist, es auch erfüllt bleibt, wenn $c + 1$ an die Stelle von c tritt. Damit ist es dann allgemein bewiesen. Wir fügen zu beiden Seiten der Gleichung 1 hinzu. Dann müssen die beiden sich so ergebenden Zahlen ebenfalls einander gleich sein:

$$[a + (b + c)] + 1 = [(a + b) + c] + 1.$$

Nach der Definition der Addition aber werden wir diese Summe auch so bilden können, daß wir die 1 nicht zu der ganzen Summe hinzu addiren, sondern zum zweiten Summanden. Damit erhalten wir:

$$a + ((b + c) + 1) = (a + b) + (c + 1)$$

und da ferner nach der Definition der Addition $(b + c) + 1 = b + (c + 1)$ ist, so wird:

$$a + (b + (c + 1)) = (a + b) + (c + 1),$$

was sich nur dadurch von der Gleichung

$$a + (b + c) = (a + b) + c$$

unterscheidet, daß $c + 1$ an die Stelle von c getreten ist. Da die Gleichung für $c = 1$ richtig ist, so muß sie daher auch für jeden Werth von c richtig sein.

Außer dem Gesetz

$$a + (b + c) = (a + b) + c$$

ist noch ein anderes für die Addition wesentlich:

$$a + b = b + a.$$

Wir beweisen zunächst den einfacheren Fall:

$$a + 1 = 1 + a.$$

In dem Falle, wo $a = 1$ ist, fällt der Unterschied der beiden Seiten der Gleichung weg und wir erhalten die Identität $1 + 1 = 1 + 1$. Wir beweisen nun, daß, wenn diese Gleichung für einen bestimmten Werth von a richtig ist, sie auch für $a + 1$ richtig sein muß. Aus

$$a + 1 = 1 + a$$

folgt durch Hinzufügung von 1 auf beiden Seiten:

$$(a + 1) + 1 = (1 + a) + 1.$$

Nach dem ersten Gesetz der Addition ist aber:

$$(1 + a) + 1 = 1 + (a + 1).$$

Folglich ergiebt sich:

$$(a + 1) + 1 = 1 + (a + 1).$$

Mit andern Worten, wenn für irgend einen Werth von a die Gleichung $a + 1 = 1 + a$ richtig ist, so ist sie auch für den folgenden Werth und damit für alle folgenden richtig. Nun ist die Gleichung für $a = 1$ eine Identität; mithin ist sie für alle Werthe von a richtig.

Nun steigen wir von der Gleichung

$$a + 1 = 1 + a$$

zu dem allgemeineren Gesetz:

$$a + b = b + a$$

auf, indem wir auch hier den Schluß von b auf $b + 1$ machen. Ist für irgend einen Werth von b die Gleichung $a + b = b + a$ erfüllt, so fügen wir auf beiden Seiten 1 hinzu und erhalten:

$$(a + b) + 1 = (b + a) + 1.$$

Auf der linken Seite finden wir nach dem Gesetz, daß die Addition definirt $(a + b) + 1 = a + (b + 1)$, auf der rechten Seite $(b + a) + 1 = b + (a + 1)$.

Damit geht unsere Gleichung über in

$$a + (b + 1) = b + (a + 1).$$

Nun haben wir aber eben gesehen, daß in der Summe $a + 1$ die Summanden vertauscht werden können. Wir können also auch setzen:

$$a + (b + 1) = b + (1 + a).$$

Indem wir nun wieder nach dem Definitionsgesetz auf der rechten Seite das mittlere Glied zum ersten addiren, erhalten wir

$$a + (b + 1) = (b + 1) + a.$$

Wenn also die Gleichung $a + b = b + a$ für eine Zahl b gilt, so gilt sie auch für die nächst höhere Zahl $b + 1$, welches auch a sein mag. Da nun für $b = 1$ und beliebige Werthe von a ihre Richtigkeit bewiesen ist, so gilt sie damit auch für beliebige Werthe von b.

Damit sind die beiden Gesetze der Addition

1. $(a + b) + c = a + (b + c)$
2. $a + b = b + a$

aus dem Definitionsgesetz der Addition

$$(a + b) + 1 = a + (b + 1)$$

hergeleitet.

Aus dem ersten Gesetz können wir auch folgern, daß bei einer Summe beliebig vieler Summanden irgend eine Gruppe auf einander folgender Summanden für sich zu einer Summe zusammengefaßt werden kann, ohne das Resultat zu ändern.

Aus den beiden Gesetzen 1 und 2 folgt ferner, daß bei einer Summe von beliebig vielen Summanden die Reihenfolge gleichgiltig ist. Denn nach dem ersten Gesetz können wir irgend zwei auf einander folgende Summanden zusammenfassen, ohne das Resultat zu verändern, und nach dem zweiten Gesetz können wir sie dann vertauschen. Durch Vertauschung eines Summanden mit dem benachbarten kann man aber jeden Summanden an jede beliebige Stelle bringen und damit die Reihenfolge der Summanden beliebig ändern.

Die Gesetze 1 und 2 sind specielle Fälle dieser beiden allgemeineren Gesetze.

Bei irgend einem Process der Verknüpfung oder des Zusammenwirkens von Größen werden wir sagen: Die Axiome der Addition sind erfüllt, wenn das Resultat des Zusammenwirkens unabhängig ist, erstens, von der Ordnung, in welcher die Verknüpfungen der einzelnen Paare von Größen mit einander vor sich gehen, d. h., wie diese gruppenweise zusammengefaßt werden, und zweitens von der Reihenfolge, in der diese Verknüpfungen erfolgen.

Denken wir z. B. daran, daß wir Gewichtsstücke auf die beiden Waagschalen einer gleicharmigen Waage legen. Wir finden, daß es beim Einspielen der Waage ganz einerlei ist, in welcher Reihenfolge wir die Stücke auflegen, ob z. B. die großen Stücke zuerst und nachher die kleinen oder umgekehrt. Und zweitens finden wir, daß es einerlei ist, ob wir eine Gruppe von Gewichtsstücken durch ein ihnen gleiches ersetzen. Wir zeigen auf diese Weise durch das Experiment, daß das entstehende Gleichgewicht unabhängig ist sowohl von der Art, wie wir die einzelnen Gewichte verknüpfen und etwa gruppenweise durch ein größeres ersetzen, als auch von der Reihenfolge, wir wir sie auflegen. Wir zeigen mithin durch das Experiment, daß, wenn mehrere Gewichtsstücke gleichzeitig auf die Waagschale gebracht werden, die wesentlichen Merkmale der Addition erfüllt sind.

Setzen wir gerade Linien dadurch zusammen, daß wir Ende an Ende legen und die Entfernung der beiden freien Enden als Resultat der Verknüpfung ansehen. Die Entfernung ist nicht eindeutig bestimmt, so lange wir die Richtung beliebig lassen. Wir machen daher die weitere Festsetzung, daß die beiden Linien in dieselbe Gerade gebracht werden sollen. Dann bleiben nur zwei Möglichkeiten. Entweder liegen die freien Enden auf verschiedenen Seiten, oder sie liegen auf der gleichen Seite der zusammengelegten Enden. Im ersten Falle ist die Entfernung der äußeren Punkte ein Maximum, im zweiten ein Minimum. Wir können die Definition auch so machen: Es sollen die beiden freien Enden festgehalten werden. Dann sollen die Linien so zusammen gelegt sein, daß der mittlere Punkt, in dem die anderen Enden zusammenstoßen, keine Bewegung mehr macht. Es bleiben dann auch nur die beiden oben erwähnten Arten der Zusammensetzung möglich. Sind nun für diese beiden Arten die Gesetze der Addition erfüllt? Das Gesetz $a + b = b + a$ ist für beide Arten erfüllt; denn die Entfernung der beiden freien Enden bleibt bei der Vertauschung der beiden Linien die gleiche. Aber das Gesetz $(a + b) + c = a + (b + c)$ ist nur für die eine Art der Zusammensetzung erfüllt, wenn die zusammengelegten Enden zwischen den freien Enden liegen. Daher kann von den beiden Arten nur diese Art der Zusammensetzung als Addition aufgefaßt werden.

Wir können farbige Lichter zusammensetzen, z. B. indem wir dieselbe Fläche gleichzeitig beleuchten. Durch das Experiment läßt sich feststellen, daß die Gesetze der Addition dabei erfüllt sind. Wir nennen die Lichter gleich, wenn sie die gleiche Helligkeit und Farbe haben, und überzeugen uns durch das Experiment, daß sie bei der Zusammensetzung gruppenweise durch ein ihnen gleiches Licht ersetzt werden können und daß die Reihenfolge der Zusammensetzung beliebig geändert werden kann, ohne das resultirende Licht in Farbe und Helligkeit zu ändern. Man ist daher berechtigt zu sagen, daß die Lichter addirt werden. Ebenso kann man die Widerstände von Leitungsdrähten für elektrische Ströme addiren, indem man die Leitungsdrähte der Länge nach an einander fügt und den Strom durch die ganze Länge hindurch gehen läßt. Andrerseits können wir auch die Leitungsfähigkeit der Drähte addiren, indem wir sie nämlich parallel mit einander zu einem dickeren Leiter verbinden. Die resultirende Leitungsfähigkeit sind wir berechtigt, die Summe der Leitungsfähigkeiten der einzelnen Drähte zu nennen. Dies Beispiel ist insofern lehrreich, als die Art, wie Widerstände oder Leitungsfähigkeiten verglichen werden, dieselbe ist, weil diese beiden Größen Funktionen von einander sind. Die Leitungsfähigkeit ist der reciproke Wert des Widerstandes. Die Methode der Vergleichung giebt keine Entscheidung darüber, welche von zwei ungleichen Größen die größere ist. Denn Widerstand und Leitfähigkeit z. B. bewegen sich ja entgegengesetzt. Der größeren Leitfähigkeit entspricht der kleinere Widerstand. Erst die Methode der Addition bestimmt auch den Begriff des Kleiner und Größer. Fast bei allen physikalischen Größen ist es zunächst nötig, Zusammensetzungen zu suchen, die als eine Addition bezeichnet werden können, bei denen also das Resultat der ganzen Zusammenfassung von der Zusammenfassung in Gruppen und von der Reihenfolge, in welcher wir die einzelnen Größen zusammenfassen, unabhängig ist.

§ 13. Die irrationalen Zahlen und die continuirlich veränderlichen Größen

Sobald wir für bisher unbekannte Arten von Größen die Methode ihrer Addition gefunden haben, so erlangen wir dadurch die Kenntniß einer großen Reihe von Eigenschaften, von allen solchen Eigenschaften, die unmittelbar aus den Axiomen der Addition fließen. Wir können dann auch gleiche Größen derselben Art addiren und kommen dadurch auf den Begriff einer Anzahl von gleichen Größen, die zusammengefügt ein Ganzes bilden. In diesem Falle ist aber das Ganze als die Summe einer Reihe gleich großer Stücke zu betrachten, und solche Größen pflegen wir dann dadurch zu bezeichnen, daß wir die Anzahl der Stücke und die Art der Einheitsgröße, d. i. die Art der gleichen Einzelstücke, welche wir zusammengefügt haben, angeben. Dadurch kommen wir auf den Begriff der benannten Zahlen. Sobald die Einheitsgröße als bekannt vorausgesetzt werden kann, genügt eine Zahl, um eine gleichartige Größe zu bezeichnen. Wir können dadurch z. B. jedem Andern, der weiß, wie schwer ein Grammstück ist, jedes beliebige Gewicht definiren und genau beschreiben, und zwar so beschreiben, daß er, wenn er will, es wieder herstellen und wieder auffinden kann. Und zwar sind wir nicht gebunden an eine Reihe von Größen, welche durch ganze Zahlen repräsentirt werden, sondern wir können Stücke definiren, deren Größen sich wie irgend zwei ganze Zahlen zu einander verhalten, indem wir jedes von ihnen durch dieselbe passend gewählte Einheit ausdrücken. Dadurch wird also die Möglichkeit, die Naturgesetze auszusprechen, außerordentlich erweitert, und es ist deshalb die Rückführung der Beschreibung von Größen auf Einheitsgrößen und auf die ganzen Zahlen und deren Verhältnisse ein außerordentlich wichtiger Schritt.

Nun ist hier eine Schwierigkeit zu erwähnen. Bei vielen Größenarten der Natur können wir Stücke von jeder beliebigen Größe als zählbare Gegenstände herstellen und damit beliebige Größenverhältnisse durch zwei verschieden große Stücke thatsächlich zur Darstellung bringen. So können wir das bei Gewichten thun, wir können es thun, wenn es sich um Längen handelt und bei vielen andern Größen. Aber wir können nicht behaupten, daß das Größenverhältnis immer durch ganze Zahlen wiedergegeben werden kann. Die Construction der Diagonale eines Quadrates z. B. giebt uns schon einen Fall, wo das Längenverhältniß zur Quadratseite nicht durch ganze Zahlen ausgedrückt werden kann. Wir nennen das ein irrationales Verhältniß. Um ein irrationales Verhältniß durch ganze Zahlen zu bezeichnen, helfen wir uns dadurch, daß wir Brüche mit immer größerem Zähler und Nenner suchen, die dem wirklichen Verhältniß immer näher und näher kommen.

So giebt uns die Arithmetik eine Reihe von Methoden, um dem Längenverhältnis der Diagonale zur Quadratseite, d. i. dem Werthe $\sqrt{2}$, durch Verhältnisse von ganzen Zahlen so nahe zu kommen, wie wir wollen. Wenn nach dem rationalen Verhältniß aus der Quadratseite eine Länge construirt würde, so würde sie mit der Länge der Diagonale so genau übereinstimmen, als wir nur wollen.

Die Schwierigkeit liegt hier nur in der Rechenoperation. Daß in der Natur Diagonalen der Quadrate existiren, das ist ja keine

Frage, und ebenso können sich andere irrationale Verhältnisse bei bestimmten physikalischen Untersuchungen uns darbieten. Die Schwierigkeit oder die Unmöglichkeit besteht hier nicht in dem wirklichen Vorkommen solcher Größen und Größenverhältnisse, sondern in der Unvollkommenheit unserer Methoden, die wirklichen Größenverhältnisse anzugeben.

Aehnlich verhält es sich mit der viel diskutirten Frage über die Existenz continuirlicher Größen. Wir werden sehen, daß uns gleich die ersten Untersuchungen über physikalische Wirkungen von Kräften dazu führen, Gesetze der Bewegung aufzusuchen, und daß wir uns eine Bewegung eines materiellen Punktes nicht wohl anders vorstellen können, als daß der Punkt continuirlich ohne Lücke die Reihe der Punkte durchläuft, welche auf seinem Wege liegen, und zwar, ohne jemals einen noch so kleinen Zwischenraum zu überspringen. Es liegt sogar eigentlich schon in dem Begriff und in der Vorstellung der Bewegung eines Punktes, daß wir mit einem solchen Gedanken eines von einem Punkte zu einem entfernten überspringenden Körpers nichts anzufangen wissen. Wenn ein Körper sich durch den Raum bewegen soll, so haben wir dabei den Begriff und verlangen, diesen Begriff festzuhalten, daß das identisch derselbe Körper sei, der nach einander in die verschiedenen Punkte des Weges hinein kommt, und diese Identität des bewegten Körpers ist für unsere Vorstellung nur faßbar, wenn ein allmählicher Uebergang vorhanden ist. Wenn der Uebergang durch eine continuirliche Reihe von Raumpunkten hindurch stattfindet, so ist durch die Nachbarschaft der Punkte die Voraussetzung schon angebahnt, daß es derselbe Körper sein kann, der nach einander durch die verschiedenen Punkte hindurch geht. Dagegen bei einem Punkte, der intermittirend seine Bahn durchliefe und bald an der einen Stelle, im nächsten Augenblick an einer davon entfernten Stelle wäre, bei einem solchen würden wir niemals in unserer Vorstellung anerkennen, daß es derselbe Punkt ist. Denn wir würden gar keine Kennzeichen uns auch nur vorstellen können, wodurch der Punkt als identisch gegeben wäre.

Andererseits wird der Begriff der Continuität auch durch die Vorstellung verlangt, daß wir durch eine Fläche einen Raum abschließen können und durch eine Linie eine Fläche abgrenzen können; denn eine solche Begrenzung eines Flächenstückes würden wir niemals ausführen können durch eine Reihe von einander getrennter Punkte, die in der Fläche liegen, sie mögen noch so nahe an einander sein.

Diese Vorstellungen zwingen uns dazu, auch die Existenz continuirlich sich ändernder Größenverhältnisse anzunehmen. Nun hat es keine Schwierigkeit, von solchen continuirlich sich ändernden Größen stetig sich ändernde Functionen zu bilden. Diese stellen dann auch continuirlich sich ändernde Größen dar.

Wenn z. B. für einen Werth der unabhängigen Veränderlichen x die Function größer als 2, für einen anderen Werth dagegen kleiner als 2 wäre, so würden wir einen Werth von x finden können, für welchen die Function den Werth 2 hat. D. h., strenge genommen finden wir ein beliebig kleines Intervall von x, für das die Function beliebig wenig von 2 verschieden ist. Das Intervall wird zugleich mit der Abweichung von 2 beliebig klein. Bei einer stetigen Function genügt es, daß sie für jeden rationalen Werth der unabhängigen Veränderlichen x eines Intervalls definirt sei, um für jeden Werth des Intervalls mit beliebiger Genauigkeit berechnet werden zu können. In der Physik haben wir es nur mit solchen Functionen zu thun, obgleich man sehr wohl mathematische Ausdrücke bilden kann, die in keinem Intervall stetige Functionen definiren, trotzdem sie für jeden rationalen Werth von x wohl definirt sind.

So ist z. B.:

$$y = \sum \sin(\mathfrak{a}! \cdot x \cdot \pi)$$

eine Summe, die für jeden rationalen Werth von x einen bestimmten endlichen Werth hat. Sind m und n irgend zwei ganze Zahlen und setzt man $x = m/n$, so ist von $\mathfrak{a} = n$ ab jedes Glied der Reihe gleich Null, weil $\mathfrak{a}!x\pi$ für $\mathfrak{a} \geqq n$ nothwendig ein ganzes Vielfaches von π ist. Es besteht dann also der Ausdruck aus einer endlichen Anzahl von Gliedern und hat einen bestimmten endlichen Werth. Für einen irrationalen Werth von x kann dagegen keines der Glieder wegfallen. Die Reihe bleibt unendlich, und es läßt sich zeigen, daß sie keinen bestimmten Werth annimmt.

§ 14. Verknüpfungen von Größen zu ungleichartigen Größen

Eine benannte Zahl bildeten wir als die Summe einer gewissen Anzahl gleicher physikalischer Größen. Das heißt also, wir haben ein Product, in dem der eine Factor eine physikalische Größe ist, die wir als Einheit bezeichnen. Der andere Factor ist eine reine Zahl. Alle diese Größen lassen eine additive Verbindung zu, die immer wieder Größen der gleichen Art liefert. Nun giebt es aber in vielen Fällen auch Methoden, um auf andere Art aus gegebenen Größen andere abzuleiten, die nicht gleichartig sind.

So können wir z. B. aus Grundlinie und Höhe eines Rechteckes, also aus zwei Längen, seine Fläche berechnen. Die Anzahl der Quadratcentimeter, welche die Fläche F hat, finden wir als das Product der Centimeter, die in der Grundlinie L und der Höhe R enthalten sind:

$$F = L \cdot R.$$

Ebenso kann ein Volumen als das rechnungsmäßige Product aus drei Linien dargestellt werden.

Wir finden auf diese Weise Gleichungen zwischen ungleichartigen benannten Zahlen. Sobald solche Gleichungen nur eine Größe enthalten, deren Benennung bisher noch nicht definirt ist, so kann man sie benutzen, um die Definition der Benennung zu finden.

Der erste Schritt ist gewöhnlich der, zu erkennen, daß eine benannte Größe einem aus anderen benannten Größen zusammengesetzten Ausdruck proportional ist, und dann muß man sich sagen, daß die Proportionalität in eine Gleichung verwandelt werden kann, wenn man einen passenden Proportionalitätsfactor einführt. Der Proportionalitätsfactor kann uns nun eine neue bekannte Größe liefern.

So hat man z. B. beim specifischen Gewicht zunächst nur die Thatsache, daß bei demselben Stoff die Masse dem Volumen proportional ist. Dann führt man den Begriff der Dichtigkeit ein, die man definirt durch das Verhältniß zwischen der Gesammtmasse und dem Volumen des Körpers. Die Dichtigkeit wird dadurch zu einer physikalischen Größe, deren Einheit durch die Einheiten der Masse und des Rauminhaltes gegeben ist.

In den verschiedenen physikalischen Gesetzen kommen nun sehr mannigfaltige Zusammensetzungen dieser Art vor. Und es werden dadurch neue Größen eingeführt, deren Einheiten bisweilen in ziemlich complicirter Weise aus den ursprünglichen Einheiten zusammengesetzt werden.

§ 15. Die absoluten Einheiten

Nun besteht eine der ersten und wichtigsten Aufgaben der theoretischen Physik darin, die Bewegungen eines materiellen Punktes zu beschreiben.

Die Lage eines solchen Punktes im Raume ist durch 3 Coordinaten gegeben. Als Coordinaten kann man allerlei geometrische Gebilde benutzen.

Eine einfache Methode besteht darin, daß man die senkrechten Abstände von drei zu einander senkrechten Ebenen zur Bestimmung der Lage im Raume benutzt. Man kann die Bewegung eines Punktes dadurch darstellen, daß man angiebt, welche Coordinaten er in jedem Zeitmoment haben soll. Wenn man auch die Einwirkung von Kräften darstellen will, so zeigt sich, daß man noch eine weitere Größe, die Masse, haben muß, welche den Widerstand der Trägheit gegen die einwirkenden Kräfte darstellt und daher zu einer vollständigen Beschreibung des Vorganges gebraucht wird.

Nun hat man im Laufe der Zeit immer mehr Beziehungen zwischen den Bewegungen eines Körpers und den übrigen physikalischen Eigenschaften der Körper kennen gelernt. Sobald wir einen Einfluß einer physikalischen Eigenschaft auf die Bewegung eines materiellen Punktes von gegebener Masse wahrnehmen, so können wir die Eigenschaft durch den Einfluß auf die Bewegung messen und damit ihre Einheit auf die Einheiten von Masse, Länge und Zeit zurückführen, durch welche wir die Bewegung des materiellen Punktes beschreiben. Wir nennen diese drei die absoluten Einheiten. Sie zeichnen sich dadurch aus, daß sie genau reproducirt und überliefert werden können und daher allgemein und genau bekannt sind.

Als Einheit für die Zeit benutzt man bei kürzer dauernden Vorgängen meistentheils die Secunde. Für die Länge wird das metrische System benutzt, für Versuche, die in kleinem Maaßstabe ausgeführt werden, meistentheils das Centimeter oder wohl auch das Millmeter, für größere Dimensionen das Meter, oder, wenn sie sich über größere Teile der Erdoberfläche erstrecken, das Kilometer und noch größere Längen. Endlich für die Masse braucht man meistentheils das Gramm oder das Centrigramm oder auch größere Einheiten je nach der Größe der Körper, mit denen man zu operiren hat.

Die gewählten Einheiten brauchen bei der Definition einer auf Masse, Länge und Zeit bezogenen Größe nicht angegeben zu werden, weil die Beziehung für irgend welche Einheiten dieselbe bleibt. So ist z. B. die Kraft gesetzt gleich einer Masse multiplicirt mit einer Länge und dividirt durch das Quadrat einer Zeit: $M \cdot L/T^2$. Je nach der Wahl der Einheiten richtet sich die Einheit der Kraft. Wird z. B. statt des Gramm das Kilogramm gesetzt, so wird die

Einheit der Kraft dadurch 1000 Mal so groß, die Zahl, welche irgend eine Kraft in den gewählten Einheiten mißt, wird also 1000 Mal so klein. In der Gleichung

$$\text{Kraft} = x \text{ Gramm} \cdot \text{Centimeter}/(\text{Secunde})^2$$

haben wir nur Gramm $= {}^1/_{1000}$ Kilogramm einzusetzen und erhalten daraus

$$\text{Kraft} = x/_{1000} \text{ Kilogramm} \cdot \text{Centimeter}/(\text{Secunde})^2.$$

Das Analoge gilt für die Aenderung der Länge oder der Zeit. Wenn statt der Secunde die Minute gewählt wird, so wird damit die Einheit der Kraft 3600 Mal kleiner. Die Zahl dagegen, welche irgend eine Kraft in den gewählten Einheiten mißt, wird damit 3600 Mal größer. In der Gleichung

$$\text{Kraft} = x \text{ Gramm} \cdot \text{Centimeter}/(\text{Secunde})^2$$

haben wir einfach Secunde $= {}^1/_{60}$ Minute einzusetzen und erhalten

$$\text{Kraft} = 3600\, x \text{ Gramm} \cdot \text{Centimeter}/(\text{Minute})^2.$$

Statt der Zahl x haben wir in der neuen Einheit also die Zahl $3600\,x$, während die neue Krafteinheit Gramm · Centimeter/(Minute)^2 gleich ${}^1/_{3600}$ Gramm · Centimeter/(Secunde)^2 ist.

§ 16. Die Addition von Strecken und anderer complexer Größen

Die Gesetze der Addition lassen sich auch für Complexe ungleichartiger Größen festhalten. Wir addiren dabei die gleichartigen Größen, so daß unter der Summe von Complexen ungleichartiger Größen der Complex der Summen gleichartiger Größen verstanden wird. Eine Gleichung, die besagt, daß zwei Complexe zusammengenommen einem dritten gleich seien, bedeutet also nichts anderes, als daß alle in den ersten beiden Complexen enthaltenen Größen derselben Art zusammen genommen gleich sind der in dem dritten Complex enthaltenen Größe derselben Art. Die Gleichung faßt daher nur in eine Gleichung zusammen, was wir in mehreren Gleichungen ausdrücken, indem wir die gleichartigen Größen addiren. Arithmetisch betrachtet ist also der Unterschied nur formal.

Physikalisch aber giebt es Beispiele solcher complexen Addition, die nicht nur als formale Erweiterung des Additionsbegriffes erscheint, weil die ungleichartigen Größen wirklich zu einer neuen Größe zusammengesetzt werden. Die Lehre von der geometrischen Addition der Strecken, wie sie zuerst H. GRASSMANN entwickelt hat, liefert einen solchen Fall complexer Addition. Unter einer geometrischen Strecke versteht GRASSMANN die gerade Verbindung von einem Anfangspunkt zu einem Endpunkte, wobei aber nicht blos die Länge der Strecke in Betracht kommt, sondern auch die Richtung, so daß wir zwei Strecken nur gleich setzen dürfen, wenn sie gleiche Länge und auch gleichzeitig gleiche Richtung haben. Die Additionsregel für solche Strecken spricht GRASSMANN in der folgenden Weise aus. Wenn eine zweite Strecke zu der ersten addirt werden soll, so setzt man den Ausgangspunkt der zweiten Strecke an den Endpunkt der ersten, und construirt nun die Strecke, die vom Anfangspunkt der ersten Strecke zum Endpunkt der zweiten läuft. Sie wird als die geometrische Summe der beiden Strecken bezeichnet.

Zunächst läßt sich zeigen, daß die Ordnung, in welcher wir die Strecken zusammenfügen, keinen Einfluß auf die Summe hat.

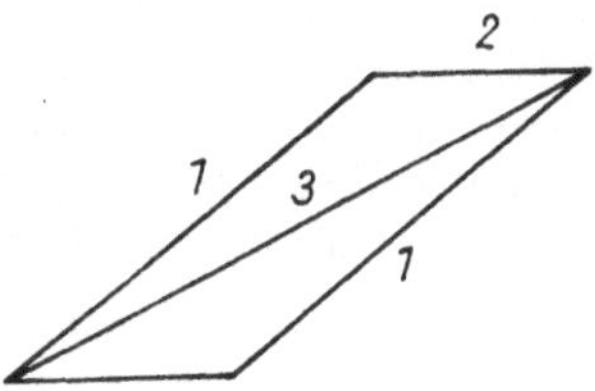

Fig. 1

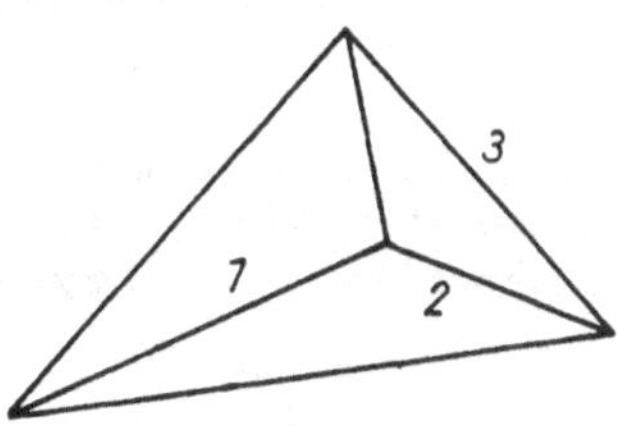

Fig. 2

Wenn wir von demselben Anfangspunkt anfangen und nun zuerst die zweite Strecke zeichnen und daran die erste abtragen, so gelangen wir zu demselben Punkt wie im ersten Fall (Fig. 1). Die beiden Constructionen zusammen bilden die Figur eines Parallelogrammes, dessen eine Diagonale die geometrische Summe der beiden Strecken ist. Damit ist das eine Gesetz der Addition $a + b = b + a$ für diese Zusammensetzung von Strecken bewiesen. Eben so läßt sich das andere Gesetz $(a + b) + c = a + (b + c)$ beweisen. Wenn wir zuerst die Strecke 1 und 2 zusammensetzen und zu ihrer geometrischen Summe eine dritte Strecke 3 geometrisch addiren, so gelangen wir zu demselben Punkt, wie wenn wir zu der ersten Strecke die geometrische Summe der zweiten und dritten geometrisch addiren (Fig. 2).

Läßt man nur Strecken von zwei einander entgegengesetzten Richtungen zu, so erhält man eine geometrische Darstellung der positiven und negativen Zahlen.

Läßt man außer diesen Strecken auch noch Strecken von zwei andern einander entgegengesetzten Richtungen zu, so lassen sich durch geometrische Addition einer Strecke der ersten Art und einer Strecke der zweiten Art alle Strecken zusammensetzen, die einer Ebene parallel sind. Diese bilden damit eine geometrische Darstellung der complexen Zahlen. Der reelle Theil der complexen Zahl entspricht der Strecke der einen Art, der imaginäre Teil der der andern Art. Die complexe Zahl selbst entspricht der Strecke, die aus den beiden Strecken durch geometrische Addition gebildet wird. Die Summe von irgend welchen complexen Zahlen bildet man algebraisch, indem man die reellen Theile für sich und die imaginären Theile für sich addirt. Geometrisch läuft dies auf die geometrische Addition der entsprechenden Strecken hinaus. Denn jede Strecke läßt sich als geometrische Summe zweier Strecken jener beiden Arten darstellen. Nun kann man nach den Gesetzen der geometrischen Addition die Summanden beliebig vertauschen und damit alle Strecken der einen Art für sich und alle Strecken der anderen Art für sich addiren. Das ist dann aber genau das algebraische Verfahren. In dieser Weise hat GAUSS die Deutung der complexen Größen eingeführt. Er bezeichnet eine complexe Zahl mit

$$x + yi,$$

wo x und y die beiden Strecken verschiedener Richtung bestimmen. Denken wir uns alle Strecken von einem Punkt aus abgetragen, den wir zum Anfangspunkt der Coordinaten machen, so können x und y als die Coordinaten des Endpunktes der Strecke aufgefaßt werden. Die x-Achse giebt dabei die Richtung der Strecken an, die dem reellen Theil entsprechen, die y-Achse dagegen die Richtung der Strecken, die dem imaginären Theil entsprechen.

In dem speciellen Fall, wo wir diese Strecken senkrecht auf einander wählen, wird, wenn r die Länge der Strecke und α ihren Richtungswinkel bedeutet:

$$x = r \cos \alpha \quad y = r \sin \alpha,$$

und damit

$$x + iy = r \cdot (\cos \alpha + i \sin \alpha),$$

oder auch:

$$x + iy = r \cdot e^{i\alpha}.$$

In dieser Form ist die Multiplication und Division complexer Zahlen am einfachsten auszuführen, deren Besprechung wir indessen hier übergehen. Die geometrische Addition ist nicht beschränkt auf Strecken, die einer Ebene parallel sind, sondern ist ebenso gut auf Strecken anwendbar, die ganz beliebig im Raume gerichtet sein können. Jede Strecke im Raume können wir als geometrische Summe von drei Strecken darstellen, deren Richtungen drei beliebig festgesetzten Richtungen gleich oder entgegengesetzt sind. Nur dürfen die drei festen Richtungen nicht einer Ebene parallel sein.

In dieser Weise stellt sich eine Strecke im Raume als ein Complex von drei ungleichartigen Größen dar. Und ähnlich wie die Strecken in der Ebene auf die complexen Zahlen mit zwei Einheiten führen, so führen die Strecken im Raume auf complexe Zahlen mit drei Einheiten. Das Rechnen mit solchen Zahlen ist in der Quaternionentheorie von HAMILTON begründet worden.

Dieselbe Art von Addition, wie wir sie für die Strecken definirt haben, kann auf eine ganze Anzahl von Größen angewendet werden. Und zwar gilt das nicht nur von Größen, die ihrer Definition nach schon durch Strecken dargestellt werden, wie z. B. Kräfte und Geschwindigkeiten; sondern auch von Größen, die ganz andern Gebieten der Physik angehören. Man kann z. B. zwei Lichter verschiedener Farbe und Intensität mischen. Man denke sich dieselbe Fläche von beiden Lichtern beleuchtet. Dann bezeichnet man die Farbe und die Intensität, unter der die Fläche bei der gleichmäßigen Beleuchtung mit zwei Lichtern erscheint, als die Mischfarbe. Diese Mischfarbe kann man als die Summe der Farben bezeichnen, mit der jedes einzelne Licht die Fläche beleuchtet. Es läßt sich nämlich zeigen, daß man gleich aussehende Lichter auf sehr verschiedene Weise durch Mischung herstellen kann. So läßt sich z. B. Weiß zusammensetzen aus Scharlachroth und Grünblau oder aus Schwefelgelb und bläulichen Violett oder aus Karminroth und Grün. Die verschiedenen Arten von Weiß, die durch Mischung verschiedener Lichter gewonnen werden, sind übrigens in ihren physikalischen Eigenschaften zum Theil sehr verschieden; so z. B. wirkt ein Weiß, das aus Violett und Gelb zusammengesetzt ist, außerordentlich stark auf gewöhnliche lichtempfindliche Platten und markirt sich in Photographien als ein sehr helles Licht, während Scharlachroth und Blaugrün eine schwache Wirkung hat. Die Bestandteile haben eben in den verschiedenen Fällen ganz verschiedene Wellenlängen, und wenn sie durch Diffraction zerlegt werden, so bekommen wir ganz verschiedene Farbenerscheinungen. Dennoch läßt sich für die physiologische Wirkung auf das Auge der Satz aufstellen, wie er von GRASSMANN formulirt wurde, daß gleich aussehende Lichter, die also aus sehr verschiedenen Bestandtheilen bestehen können, gemischt gleich aussehende Mischungen geben. Dabei ist die Reihenfolge der Mischung für das Resultat gleichgültig. Damit ist die Berechtigung gegeben, die Farbenmischung als Addition aufzufassen; und es zeigt sich, daß es eine complexe Addition ist, ähnlich der der Strecken im Raume. Man kann jede Farbe als Mischung aus drei Grundfarben zusammensetzen, die man mit gewissen Intensitäten zu nehmen hat. Jede Grundfarbe mit ihre Intensität bildet eine benannte Zahl, und der Complex der drei ungleichartigen benannten Zahlen stellt die betreffende Mischfarbe dar. Die Zusammensetzung zweier beliebiger Farben zu einer dritten läuft algebraisch auf die Addition der beiden Intensitäten jeder der drei Grundfarben hinaus, geradeso wie die geometrische Addition zweier Strecken im Raume algebraisch auf die Addition der Zahlen hinausläuft, welche jede der drei Componenten definiren.

Ein anderes Beispiel solcher Addition bildet die Schwerpunktsconstruction von irgend welchen Massen, wenn wir uns jedes Mal im Schwerpunkt die ganze Masse vereinigt denken.

Gewöhnlich werden die Farbenmischungen durch Schwerpunktsconstructionen anschaulich dargestellt. Man läßt den drei Grundfarben die Ecken eines Dreiecks entsprechen und ihren Intensitäten die Massen, die in diesen drei Punkten liegen sollen. Der resultirenden Mischfarbe entspricht dann der Schwerpunkt der drei Massen, und der Intensität entspricht die Summe der Massen.

Jeder Masse, die man sich in irgend einem Punkte der Dreiecksfläche denkt, entsprechen auf diese Weise drei Massen in den drei Punkten als deren geometrische Addition man die erste Masse auffassen kann.

§ 17. Zusammensetzung von Drehungen

Von den Zusammensetzungen, denen wir in der Physik begegnen, folgen keineswegs alle den Gesetzen der Addition. Es wird gut sein, auch ein Beispiel einer Zusammensetzung näher zu untersuchen, die man nicht als Addition auffassen kann.

Wir betrachten die Drehungen eines festen Körpers um irgend welche Axen. Wir wollen ihn uns als Kugel vorstellen, die die Freiheit hat, sich um ihren Mittelpunkt zu drehen. Dabei verschiebt sich ihre Oberfläche in sich selbst, welche Bewegungen sie auch ausführen mag. Bei irgend einer Drehung der Kugel bleiben die Endpunkte des Durchmessers, um den sie sich dreht, liegen. Alle übrigen Punkte der Oberfläche beschreiben dagegen Kreise, deren Mittelpunkte auf der Drehungsaxe liegen.

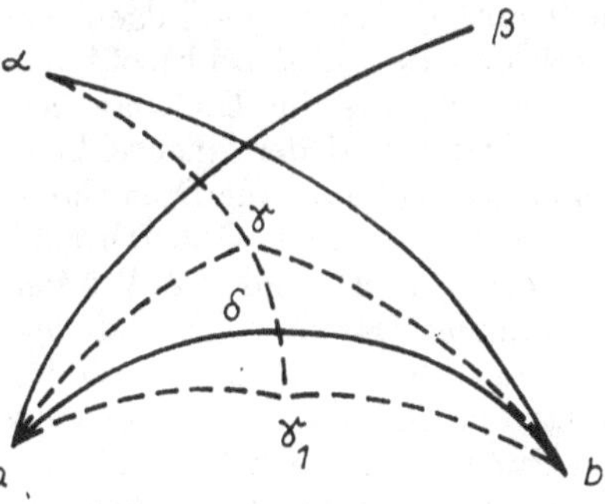

Fig. 3

Sei a ein Endpunkt der ersten Drehungsaxe, b ein Endpunkt der zweiten Drehungsaxe (Fig. 3). Es möge β der Punkt der Kugeloberfläche sein, der durch die erste Drehung in den Punkt b übergeht und α der Punkt der Kugeloberfläche, in den durch die zweite Drehung der Punkt a übergeht. Wir verbinden a mit β, a mit b, b mit α durch größte Kreise. Bei der ersten Drehung geht dann der Kreisbogen $a\beta$ in ab über, bei der zweiten Drehung wird ba in $b\alpha$ übergeführt.

Die Aufgabe ist nun, die beiden hinter einander angebrachten Drehungen durch eine Drehung zu ersetzen. Um die Drehungsaxe zu finden, müssen wir einen Punkt suchen, dessen Ort durch die beiden Drehungen nicht verändert wird, der also durch die erste Drehung aus seiner Lage gebracht und durch die zweite Drehung in diese Lage wieder zurückgeführt wird. Diesen Punkt finden wir dadurch, daß wir durch a und b größte Kreise legen, die den Drehungswinkel βab und den Drehungswinkel $ab\alpha$ halbiren. Der Schnittpunkt γ dieser größten Kreise ist der gesuchte Punkt. Denn wenn wir die erste Drehung ausführen, die Drehung um a, so wird der Bogen $a\beta$ in ab übergehen und der Punkt γ wird dabei über den Bogen ab hinweg nach γ_1 rücken. Der Punkt γ_1 muß so liegen, daß der Winkel $\gamma a \gamma_1$ von dem Bogen ab halbirt wird. Denn $a\gamma_1$ muß zu ab gerade so liegen wie $a\gamma$ zu $a\beta$, und daher muß der Winkel $\gamma_1\, ab$ gleich dem Winkel $\gamma a\beta$ und damit gleich dem Winkel γab sein. Zugleich bleibt bei der Drehung die Entfernung des Punktes γ von dem Drehungspol a ungeändert, so daß

$$\gamma a = \gamma_1 a$$

sein muß.

Verbindet man nun γ mit γ_1 durch den Bogen eines größten Kreises, so wird er durch den Bogen ab senkrecht halbirt. Denn ist δ der Schnittpunkt, so müssen die Dreiecke $a\delta\gamma$ und $a\delta\gamma_1$ congruent sein, weil zwei Seiten und der eingeschlossene Winkel übereinstimmen. Daraus folgt, daß auch die Dreiecke $\gamma\delta b$ und $\gamma_1\delta b$ congruent sind, weil die Seiten $\gamma_1\delta$ und $\gamma\delta$ gleich sind, die Seite $b\delta$ beiden Dreiecken gemeinsam ist und die Winkel bei δ als rechte Winkel übereinstimmen. Daraus folgt, daß $b\gamma_1 = b\gamma$ und daß auch der Winkel $\gamma_1 b\gamma$ durch den Bogen ab halbirt wird. Bei der zweiten Drehung, der Drehung um b, wird demnach der Punkt γ_1 wieder in den Punkt γ zurückgeführt. Denn der Bogen, in den $b\gamma_1$ durch die Drehung übergeht, muß ebenso zu $b\alpha$ liegen wie $b\gamma_1$ zu ba, d. h., er muß den Winkel $ab\alpha$ halbiren. Da zugleich die Entfernung des Punktes γ_1 von dem Drehungspol b bei der Drehung ungeändert bleibt, so muß γ_1 in γ übergehen. Durch die beiden Drehungen zusammen genommen bleibt also der Punkt γ an seiner Stelle. Folglich muß die Lagenänderung der Kugel auch durch eine Drehung um den zu γ gehörigen Durchmesser bewirkt werden können.

Um auch den dazu nötigen Drehungswinkel anzugeben, braucht man nur zu bemerken, daß der Punkt a in α übergeht und damit der Bogen γa in $\gamma\alpha$. Der Drehungswinkel ist also $a\gamma\alpha$, d. i. gleich dem doppelten des Supplements von $a\gamma b$. Die Pole a und b denken wir uns so gewählt, daß der Sinn der Drehung derselbe ist. Das läßt sich immer erreichen, weil bei der Drehung um einen Durchmesser der Sinn der Drehung für die beiden Pole entgegengesetzt ist. Unter dieser Voraussetzung ist auch der Drehungssinn um den Pol γ derselbe. Wenn wir die Reihenfolge der Drehungen umkehren und erst um b, dann um a drehen, so wird der Punkt γ_1 durch die beiden Drehungen zusammen nicht geändert. Denn die erste Drehung um b führt den Punkt γ_1 nach γ, während die zweite Drehung um a ihn wieder nach γ_1 zurückbringt. Bei Vertauschung der beiden Drehungen erhalten wir also eine andere Drehungsaxe, die das Spiegelbild der ersten Drehungsaxe in Bezug auf die Ebene des Kreises ab ist. Um auch den Drehungswinkel zu finden, haben wir das Spiegelbild von α in Bezug auf dieselbe Ebene zu bilden. Ist α' das Spiegelbild, so geht der Bogen $\gamma_1\alpha'$ in $\gamma_1 a$ über. Wir erkennen aus der Symmetrie der Figur, daß der Drehungswinkel bei der Drehung um γ_1 derselbe ist wie bei der Drehung um γ.

Durch die Vertauschung der Reihenfolge der beiden Drehungen wird also die Gesammtdrehung nothwendiger Weise eine andere. Der Unterschied wird aber sehr klein, wenn die Drehungen sehr klein sind. Denn dann fallen γ und γ_1 sehr nahe zusammen. Drehungen um endliche Winkel und verschiedene Axen befolgen also bei ihrer Zusammenfassung nicht das Gesetz der Addition

$$a + b = b + a.$$

Wir können deshalb diese Art der Zusammensetzung nicht als eine Addition auffassen. Erst wenn die Winkel unendlich klein werden, sind die Gesetze der Addition erfüllt. Handelt es sich also um Zusammensetzung von Drehungsgeschwindigkeiten, wo wir nur die unendlich kleinen Winkel zu betrachten brauchen, die einem unendlich kleinen Zeittheilchen entsprechen, so können wir diese als Addition betrachten ebenso wie die geometrische Addition von Strecken. Es läßt sich in der That zeigen, daß die geometrische Construction bei der Zusammensetzung von Drehungsgeschwindigkeiten sich so ausführen läßt, daß sie auf die geometrische Addition von Strecken hinausläuft. Bezeichnen nämlich a und b die beiden Drehungswinkel um die Pole bei a und b (Fig. 3), so haben wir in dem sphärischen Dreieck $a\gamma b$ nach dem Sinussatz die Gleichung

$$\sin(a\gamma)/\sin(b\gamma) = \sin(a/2)/\sin(b/2).$$

Für unendlich kleine Winkel fällt γ in den Bogen ab und die Gleichung läßt sich schreiben:

$$\sin(a\gamma)/\sin(b\gamma) = a/b.$$

Aus dieser Gleichung ergiebt sich die folgende Construction für die Axe γ. Auf den beiden Radien, die vom Mittelpunkt der Kugel nach den Punkten a und b führen, trägt man Längen auf, die den unendlich kleinen Drehungswinkeln a und b proportional sind. Die so entstehenden beiden Strecken addirt man geometrisch. Die resultirende Strecke giebt die Lage der Axe γ (Fig. 4). Denn

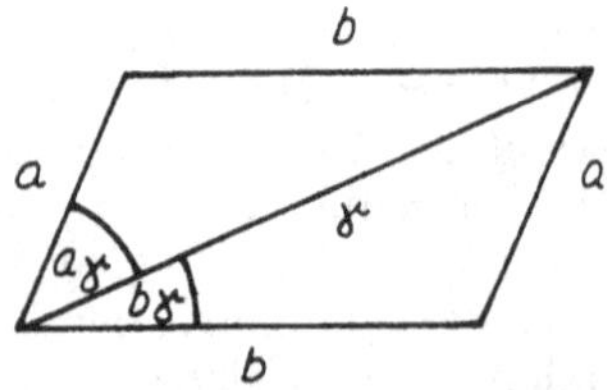

Fig. 4.

die Winkel, die diese Strecke mit den Componenten bilden, bestimmen sich durch dieselbe Proportion

$$\sin(a\gamma) : \sin(b\gamma) = \mathrm{a} : \mathrm{b}.$$

Durch dieselbe Construction erhalten wir auch den unendlich kleinen Winkel der zusammengesetzten Drehung. Denn bezeichnet man ihn mit γ, so ist $\sin\gamma/2$ wie oben erwähnt gleich $\sphericalangle\, a\gamma b$ (Fig. 3). Mithin ist

$$\sin(ab) : \sin(a\gamma) : \sin(b\gamma) = \sin\gamma/2 : \sin a/2 : \sin b/2,$$

was für unendlich kleine Winkel übergeht in

$$\sin(ab) : \sin(a\gamma) : \sin(\gamma b) = \gamma : a : b.$$

Die Länge der resultirenden Strecke γ (Fig. 4) ist also zugleich ein Maß für den resultirenden unendlich kleinen Drehungswinkel.

Heinrich Hertz

Einleitung zur Mechanik

Vorwort von H. v. Helmholtz

Am 1. Januar 1894 starb HEINRICH HERTZ. Für alle, die den Fortschritt der Menschheit in der möglichst breiten Entwickelung ihrer geistigen Fähigkeiten und in der Herrschaft des Geistes über die natürlichen Leidenschaften wie über die widerstrebenden Naturkräfte zu sehen gewohnt sind, war die Nachricht vom Tode dieses bevorzugten Lieblings des Genius eine tief erschütternde. Durch seltenste Gaben des Geistes und Charakters begünstigt, hat er in seinem leider so kurzen Leben eine Fülle fast unverhoffter Früchte geerntet, um deren Gewinnung sich während des vorausgehenden Jahrhunderts viele von den begabtesten seiner Fachgenossen vergebens bemüht haben. — In alter, klassischer Zeit würde man gesagt haben, er sei dem Neide der Götter zum Opfer gefallen. Hier schienen Natur und Schicksal in ganz ungewöhnlicher Weise die Entwickelung eines Menschengeistes begünstigt zu haben, der alle zur Lösung der schwierigsten Probleme der Wissenschaft erforderlichen Anlagen in sich vereinigte. Es war ein Geist, der ebenso der höchsten Schärfe und Klarheit des logischen Denkens fähig war, wie der größten Aufmerksamkeit in der Beobachtung unscheinbarer Phänomene. Der uneingeweihte Beobachter geht an solchen leicht vorüber, ohne auf sie zu achten; dem schärferen Blicke aber zeigen sie den Weg an, durch den er in neue unbekannte Tiefen der Natur einzudringen vermag.

HEINRICH HERTZ schien prädestiniert zu sein, der Menschheit solche neue Einsicht in viele bisher verborgene Tiefen der Natur zu erschließen, aber alle diese Hoffnungen scheiterten an der tückischen Krankheit, die, langsam und unaufhaltsam vorwärts schleichend, dieses der Menschheit so kostbare Leben vernichtete und alle darauf gesetzten Hoffnungen grausam zerstörte.

Ich selbst habe diesen Schmerz tief empfunden, denn unter allen Schülern, die ich gehabt habe, durfte ich HERTZ immer als denjenigen betrachten, der sich am tiefsten in meinen eigenen Kreis von wissenschaftlichen Gedanken eingelebt hatte und auf den ich die sichersten Hoffnungen für ihre weitere Entwickelung und Bereicherung glaubte setzen zu dürfen.

HEINRICH RUDOLF HERTZ ward am 22. Februar 1857 in Hamburg als ältester Sohn des damaligen Rechtsanwalts, späteren Senators Dr. HERTZ geboren. Nachdem er bis zu seiner Konfirmation den Unterricht in einer der städtischen Bürgerschulen erhalten hatte, trat er nach einem Jahre häuslicher Vorbereitung für höher reichende Studien in die Gelehrtenschule seiner Vaterstadt, das Johanneum, ein und verließ dieselbe 1875 mit dem Zeugnis der Reife. Er gewann schon als Knabe die Anerkennung seiner Eltern und Lehrer wegen seines ungewöhnlich regen Pflichtgefühls. Die Art seiner Begabung zeigte sich schon früh dadurch, daß er aus eigenem Antriebe neben seinen Schulfächern mechanische Arbeiten an der Hobel- und Drehbank betrieb, daneben sonntags die Gewerbeschule besuchte, um sich im geometrischen Zeichnen zu üben, und sich mit den einfachsten Hilfsmitteln brauchbare Instrumente optischer und mechanischer Art zu erbauen bestrebte.

Als er nach Beendigung seines Schulkursus sich zu der Wahl eines Berufs entschließen mußte, wählte er den des Ingenieurs. Es scheint, daß die auch in späteren Jahren als ein charakteristischer Grundzug seines Wesens hervortretende Bescheidenheit ihn an seiner Begabung für theoretische Wissenschaft zweifeln ließ und daß er sich bei der Beschäftigung mit seinen geliebten mechanischen Arbeiten des Erfolges sicherer fühlte, weil er deren Tragweite schon damals ausreichend verstand. Vielleicht hat ihn auch die in seiner Vaterstadt herrschende, mehr dem Praktischen zugeneigte Sinnesweise beeinflußt. Übrigens beobachtet man nicht selten diese Art zaghafter Bescheidenheit gerade bei jungen Leuten von hervorragenden Anlagen. Sie haben wohl eine deutliche Vorstellung von Schwierigkeiten, die vor der Erreichung des ihnen vorschwebenden hohen Zieles zu überwinden sind, und müssen ihre Kräfte erst praktisch erprobt haben, ehe sie das zu ihrem schweren Werke nötige Selbstvertrauen gewinnen. Aber auch in ihrer späteren Entwickelung pflegen reich veranlagte Naturen um so unzufriedener mit ihren eigenen Werken zu sein, je höher ihre Fähigkeiten und ihre Ideale reichen. Die Begabtesten erreichen offenbar nur deshalb das Höchste, weil sie am empfindlichsten gegen jede Unvollkommenheit sind, und am unermüdlichsten an deren Beseitigung arbeiten.

Volle zwei Jahre dauerte bei Heinrich Hertz dieses Stadium des Zweifels. Dann entschloß er sich im Herbst 1877 zur akademischen Laufbahn, da er bei reifenden Kenntnissen sich innerlich überzeugte, daß er nur in wissenschaftlicher Arbeit dauernde Befriedigung finden würde. Der Herbst 1878 führte ihn nach Berlin, wo ich ihn zuerst als Praktikanten in dem von mir geleiteten physikalischen Laboratorium der Universität kennen lernte. Schon während er die elementaren Übungsarbeiten durchführte, sah ich, daß ich es hier mit einem Schüler von ganz ungewöhnlicher Begabung zu tun hatte, und da mir am Ende des Sommersemesters die Aufgabe zufiel, das Thema zu einer physikalischen Preisarbeit für die Studierenden vorzuschlagen, wählte ich eine Frage aus der Elektrodynamik, in der sicheren, nachher auch bestätigten Voraussetzung, daß Hertz sich dafür interessieren und sie mit Erfolg angreifen werde.[1])

Die Gesetze der Elektrodynamik wurden damals in Deutschland noch von der Mehrzahl der Physiker aus der Hypothese von W. Weber hergeleitet, welche die elektrischen und magnetischen Erscheinungen auf eine Modifikation der Newtonschen Annahme von unmittelbar und geradlinig in die Ferne wirkenden Kräften zurückzuführen suchte. Die Abnahme der betreffenden Kräfte in der Ferne sollte demselben Gesetz wie die von Newton angenommene Gravitationskraft und die von Coulomb zwischen je zwei elektrisierten Massenpunkten gemessene scheinbare Fernkraft folgen, es sollte nämlich die Intensität der Kraft dem Quadrate des Abstandes der aufeinander wirkenden elektrischen Quanta umgekehrt, dem Produkte der beiden Quanta aber direkt proportional sein, und zwar mit abstoßender Wirkung zwischen gleichnamigen, anziehender zwischen ungleichnamigen Mengen. Übrigens wurde in Webers Hypothese die Ausbreitung dieser Kraft durch den unendlichen Raum als augenblicklich und mit unendlicher Geschwindigkeit erfolgend vorausgesetzt. Der einzige Unterschied zwischen W. Webers Annahme und der von Cou-

[1]) Die physikalische Preisarbeit für die Studierenden wurde Ende Sommer-Semester 1878 gestellt, also schon bevor Hertz nach Berlin kam (vgl. Hertz Werke Bd. I S. XII). Die obige Bemerkung muß also wohl auf die später von der Akademie der Wissenschaften ebenfalls auf Helmholtz' Vorschlag gestellte Preisfrage bezogen werden, welche auch von Hertz gelöst wurde, wenn auch erst spät, durch seine elektrodynamischen Entdeckungen (vgl. Hertz Werke Bd. I S. XVIII und Bd. II S. 1). — Der Herausgeber (2. Aufl.).

LOMB bestand darin, daß WEBER voraussetzte, auch die Geschwindigkeit, mit der sich die beiden elektrischen Quanta einander näherten oder voneinander entfernten, und auch die Beschleunigungen dieser Geschwindigkeiten könnten einen Einfluß auf die Größe der Kraft zwischen den beiden elektrischen Mengen haben. Neben dieser WEBERschen Hypothese bestanden noch eine Reihe ähnlicher anderer, die alle das Gemeinsame hatten, daß sie die Größe der COULOMBschen Kraft noch durch den Einfluß irgend einer Komponente der Geschwindigkeit der bewegten elektrischen Quanta modifiziert ansahen. Solche Hypothesen waren von F. E. NEUMANN, von dessen Sohne C. NEUMANN, von RIEMANN, GRASSMANN, später von CLAUSIUS aufgestellt worden. Magnetisierte Molekeln galten als Achsen elektrischer Kreisströme, nach einer schon von AMPÈRE aufgefundenen Analogie ihrer nach außen gerichteten Wirkungen.

Diese bunte Blumenlese von Annahmen war in ihren Folgerungen sehr wenig übersichtlich und erforderte zu ihrer Ableitung verwickelte Rechnungen, Zerlegungen der Einzelkräfte in ihre verschieden gerichteten Komponenten usw. So war das Gebiet der Elektrodynamik um jene Zeit zu einer unwegsamen Wüste geworden. Beobachtete Tatsachen und Folgerungen aus höchst zweifelhaften Theorien liefen ohne sichere Grenzen durcheinander. In dem Streben, dieses Wirrsal übersehen zu lernen, hatte ich es übernommen, das Gebiet der Elektrodynamik, soweit ich sah, zu klären, und die unterscheidenden Folgerungen der verschiedenen Theorien aufzusuchen, um wo möglich durch passend angestellte Versuche zwischen ihnen zu entscheiden.

Es ergab sich daraus folgendes allgemeine Resultat: Alle Erscheinungen, die vollkommen geschlossene Ströme bei ihrer Zirkulation durch in sich zurücklaufende metallische Leitungskreise hervorrufen und die die gemeinsame Eigentümlichkeit haben, daß es, während sie fließen, zu keiner erheblichen Veränderung der in einzelnen Teilen des Leiters angesammelten elektrischen Ladungen kommt, ließen sich aus allen den genannten Hypothesen gleich gut ableiten. Ihre Folgerungen stimmten sowohl mit AMPÈREs Gesetzen der elektromagnetischen Wirkungen wie mit den von FARADAY und LENZ entdeckten und von F. E. NEUMANN verallgemeinerten Gesetzen der induzierten elektrischen Ströme wohl überein. In unvollständig geschlossenen leitenden Kreisen dagegen führten die verschiedenen oben genannten Hypothesen zu wesentlich verschiedenen Folgerungen. Die erwähnte gute Übereinstimmung aller der verschiedenen damaligen Theorien mit den an vollständig geschlossenen Strömungen beobachteten Tatsachen erklärt sich leicht daraus, daß man geschlossene Ströme beliebig lange Zeit und in beliebiger Stärke unterhalten kann, jedenfalls lange genug, daß die von ihnen ausgeübten Kräfte volle Zeit haben, ihre Wirkungen sichtbar zu entfalten, daß deshalb die tatsächlichen Wirkungen solcher Ströme und ihre Gesetze wohl bekannt und genau ermittelt waren. Daher würde jede Abweichung einer neu aufgestellten Theorie von irgend einer der bekannten Tatsachen dieses wohl durchgearbeiteten Gebietes schnell aufgefallen und zur Widerlegung der Theorie benutzt worden sein.

Dagegen sammeln sich an den offenen Enden ungeschlossener Leiter, wo sich isolierende Massen zwischen diese Enden einschieben, durch jede elektrische Bewegung längs der Länge des Leiters sogleich elektrische Ladungen an, herrührend von der gegen das Ende des Leiters hindrängenden Elektrizität, die ihren Weg durch den Isolator nicht fortsetzen kann. Eine außerordentlich kurze Dauer der Strömung genügt in einem solchen Falle, um die abstoßende Kraft der am Ende angehäuften Elektrizität gegen die gleichnamige nachdrängende so hoch zu steigern, daß diese in ihrer Bewegung vollständig gehemmt wird, wonach zunächst das weitere Zuströmen aufhört und nach momentaner Ruhe dann ein schnelles Zurückdrängen der angesammelten Elektrizität folgt.

Es war für jeden Kenner der tatsächlichen Verhältnisse zu jener Zeit klar, daß sich das vollkomene Verständnis der Theorie der elektromagnetischen Erscheinungen nur durch die genaue Untersuchung der Vorgänge bei diesen sehr schnell vorübergehenden ungeschlossenen Strömen werde gewinnen lassen. W. Weber hate versucht, gewisse Schwierigkeiten seiner elektrodynamischen Hypothese zu beseitigen oder zu vermindern dadurch, daß er sich auf die Möglichkeit berief, die Elektrizität könne einen gewissen Grad von Beharrungsvermögen haben, wie es den schweren Körpern zukomme. Scheinbar zeigen bei Schließung und Unterbrechung jedes Stromes sich Wirkungen, die den Anschein eines Beharrungsvermögens der Elektrizität vortäuschen. Diese rühren aber von der sogenannten elektrodynamischen Induktion, d.h. von einer gegenseitigen Einwirkung nahe gelegener Stromleiter aufeinander, her und sind in ihren Gesetzen seit Faraday wohlbekannt. Wahres Beharrungsvermögen müßte nur der Masse der bewegten Elektrizität proportional sein, ohne von der Lage des Leiters abzuhängen. Wenn etwas derart existierte, müßte es sich durch eine Verlangsamung der oszillierenden Bewegungen der Elektrizität zu erkennen geben, wie sie nach jähen Unterbrechungen elektrischer Ströme in gut leitenden Drähten sich zeigen. Auf diesem Wege ließ sich die Bestimmung einer oberen Grenze für den Wert dieses Beharrungsvermögens erwarten, und deshalb stellte ich die Aufgabe, über die Größe von Extraströmen Versuche auszuführen. Aus diesen sollte wenigstens eine obere Grenze für die bewegte Masse festgestellt werden. Es waren schon in der Aufgabe, als zu diesen Versuchen besonders geeignet erscheinend, Extraströme aus doppeltdrähtigen Spiralen vorgeschlagen, deren Zweige in entgegengesetzter Richtung durchflossen wären. In der Lösung dieser Aufgabe bestand die erste größere Arbeit von HEINRICH HERTZ. Er gibt darin eine präzise Antwort auf die gestellte Frage und zeigt, daß höchstens $^1/_{20}$ bis $^1/_{30}$ des Extrastromes aus einer doppeltdrähtigen Spirale der Wirkung einer Trägheit der Elektrizität zuzuschreiben sei. Diese Arbeit wurde mit dem Preis gekrönt.

Aber HERTZ beschränkte sich nicht auf die vorgeschlagenen Versuche. Er erkannte nämlich, daß bei geradlinig ausgespannten Drähten die Induktionswirkungen, trotz ihrer sehr viel geringeren Stärke, viel genauer zu berechnen waren, als bei Spiralen mit vielen Windungen, weil er hier die Lagerungsverhältnisse nicht genau abmessen konnte. Daher benützte er zu weiteren Versuchen eine Leitung aus zwei Rechtecken von geraden Drähten und fand hier, daß der von dem Beharrungsvermögen herrührende Extrastrom höchstens $^1/_{250}$ von dem Werte des Induktionsstromes betrage.

Untersuchungen über den Einfluß der Zentrifugalkraft in einer schnell rotierenden Platte auf die Bewegung eines sie durchfließenden elektrischen Stromes führten ihn zu einer noch viel tiefer liegenden oberen Grenze des Beharrungsvermögens der Elektrizität.

Diese Versuche haben ihm offenbar die ungeheure Beweglichkeit der Elektrizität eindringlich zur Anschauung gebracht und ihm geholfen, die Wege zu finden, um seine wichtigsten Entdeckungen zu machen.

In England waren durch FARADAY ganz andere Vorstellungen über das Wesen der Elektrizität verbreitet. Seine in schwerverständlicher abstrakter Sprache vorgetragenen Ideen brachen sich nur langsam Bahn, bis sie in CLARK MAXWELL einen berufenen Interpreten fanden. FARADAYS Hauptbestreben bei der Erklärung der elektrischen Erscheinungen ging dahin, alle Voraussetzungen, bestehend in Annahmen von nicht direkt wahrnehmbaren Vorgängen oder Substanzen, auszuschließen. Vor allem wies er, wie es einst zu Anfang seiner Laufbahn schon NEWTON getan, die Hypothese von der Existenz der Fernkräfte zurück. Es schien ihm undenkbar, wie die älteren Theorien annahmen, daß direkte und unmittelbare Wirkungen zwischen zwei räumlich getrennten Körpern bestehen sollten, ohne daß in den zwischenliegenden Medien irgend eine Veränderung vor sich gehe. Daher suchte er zunächst nach Spuren von Veränderungen in Medien, welche zwischen elektrisierten oder zwischen magnetischen Körpern lagen. Es gelang ihm der Nachweis von Magnetismus oder Diamagnetismus bei fast allen bisher für unmagnetisch geltenden Körpern. Ebenso wies er nach, daß unter der Einwirkung elektrischer Kräfte gut isolierende Körper eine Veränderung erlitten; diese bezeichnete er als „dielektrische Polarisation der Isolatoren".

Es ließ sich nicht verkennen, daß die Anziehung zwischen zwei mit Elektrizität beladenen Leitern oder zwischen zwei entgegengesetzten Magnetpolen in Richtung ihrer Kraftlinien sich wesentlich verstärken mußte, wenn man dielektrisch oder magnetisch polarisierte Medien zwischen sie einschaltete. Quer gegen die Kraftlinien mußte dagegen eine Abstoßung entstehen. Nach diesen Entdeckungen konnte nicht mehr geleugnet werden, daß ein Teil der magnetischen und elektrischen Fernwirkung durch Vermittelung der zwischenliegenden polarisierten Medien zustande käme, ein anderer konnte freilich immerhin noch übrig bleiben, der einer direkten Fernkraft angehörte.

FARADAY und MAXWELL neigten sich der einfacheren Annahme zu, daß überhaupt Fernkräfte nicht existieren, und MAXWELL entwickelte die mathematische Fassung dieser Hypothese, welche allerdings eine vollständige Umkehr der bisherigen Anschauungen verlangte. Danach mußte der Sitz der Veränderungen, welche die elektrischen Erscheinungen hervorbringen, nur noch in den Isolatoren gesucht werden, Entstehen und Vergehen der Polarisationen in den Isolatoren mußte der Grund der scheinbar in den Leitern stattfindenden elektrischen Bewegungen sein. Ungeschlossene Ströme gab es nicht mehr, denn die Anhäufung elektrischer Ladungen an den Enden der Leitung und die dabei in den sie trennenden Isolatoren auftretende dielektrische Polarisation stellte eine äquivalente elektrische Bewegung in den zwischenliegenden Isolatoren dar, die die Lücke des Stromes zu ergänzen geeignet schien.

Schon FARADAY hatte mit seiner sehr sicheren und tiefgehenden inneren Anschauung geometrischer und mechanischer Fragen erkannt, daß die Verteilung der elektrischen Fernwirkungen im Raume nach diesen Annahmen genau mit der durch die alte Theorie gefundenen übereinstimmen mußte.

MAXWELL bestätigte und erweiterte dies mit den Hilfsmitteln der mathematischen Analysis zu einer vollständigen Theorie der Elektrodynamik. Ich selbst erkannte sehr wohl das Zwingende in den von FARADAY gefundenen Tatsachen und untersuchte zunächst die Frage, ob Fernwirkungen überhaupt existieren und in Betracht gezogen werden müßten. Der Zweifel schien mir zunächst in einem so verwickelten Gebiete der wissenschaftlichen Vorsicht gemäß zu sein und konnte zu entscheidenden Versuchen hinleiten.

Das war der Stand der Frage, als HEINRICH HERTZ nach Beendigung seiner vorgenannten Preisarbeit in die Untersuchung eintrat.

Nach MAXWELLS Auffassung war es wesentlich entscheidend für seine Theorie, ob das Entstehen und Vergehen dielektrischer Polarisation in einem Isolator dieselben elektrodynamischen Wirkungen in der Umgebung hervorbringt wie ein galvanischer Strom in einem Leiter. Diesen Nachweis zu erbringen, erschien mir als eine ausführbare und hinreichend wichtige Arbeit, um sie zum Gegenstand einer der großen Preisaufgaben der Berliner Akademie zu machen.

Wie sich, an diese von den Zeitgenossen vorbereiteten Keime anknüpfend, die Entdeckungen von HERTZ weiter entwickelten, hat er selbst in der Einleitung seines interessanten Buches: Untersuchungen über die Ausbreitung der elektrischen Kraft so anschaulich und interessant entwickelt, daß kein anderer dazu etwas Wesentliches oder gar Besseres hinzufügen könnte. Dieser Bericht ist als eine höchst aufrichtige und eingehende Darstellung einer der wichtigsten und folgenreichsten Entdeckungen von hervorragendem Werte. Leider besitzen wir nicht viel ähnliche Akten über die innere psychologische Geschichte der Wissenschaft, und wir sind dem Verfasser auch dafür den größten Dank schuldig, daß er uns so tief in das Innere seiner Gedankenwerkstatt und selbst in die Geschichte seiner zeitweiligen Irrtümer hat schauen lassen.

Nur über die Folgen dieser neuen Entdeckungen wäre noch einiges hinzuzufügen.

Die Ansichten, deren Richtigkeit HERTZ später bestätigt

hat, waren allerdings, wie oben bemerkt, vor ihm durch FARADAY und MAXWELL als möglich oder selbst als höchst wahrscheinlich schon aufgestellt, aber die tatsächlichen Beweise ihrer Richtigkeit fehlten noch. HERTZ hat nun in der Tat diese Beweise geliefert. Nur einem ungewöhnlich aufmerksamen Beobachter, der die Tragweite jeder unvermuteten und bis dahin unbeachteten Erscheinung sogleich durchschaut, konnten die höchst unscheinbaren Phänomene auffallen, die ihn auf den richtigen Weg geleitet haben. Es wäre eine hoffnungslose Aufgabe gewesen, schnell wechselnde Ströme mit einer Dauer von Zehntausendteilen oder gar nur Millionteilen einer Sekunde am Galvanometer oder mittels irgend einer anderen damals geübten experimentellen Methode sichtbar zu machen. Denn alle endlichen Kräfte brauchen eine gewisse Zeit zur Hervorbringung endlicher Geschwindigkeiten und zur Verschiebung von Körpern von irgend welchem Gewicht, auch so geringem, wie es die Magnetnadeln unserer Galvanometer zu haben pflegen. Aber elektrische Funken können zwischen den Enden einer Leitung sichtbar werden, wenn auch nur für ein Millionstel Sekunde die elektrische Spannung an den Enden einer solchen Leitung hoch genug gesteigert wird, daß der Funke eine winzige Luftschicht durchbrechen kann, HERTZ war durch seine früheren Untersuchungen schon wohlbekannt mit der Regelmäßigkeit und enormen Geschwindigkeit dieser sehr schnellen Oszillationen der Elektrizität, und seine Versuche, auf diesem Wege die flüchtigsten elektrischen Bewegungen zu entdecken und sichtbar zu machen, gelangen ihm verhältnismäßig schnell. Er fand sehr bald die Bedingungen, unter denen er die Oszillationen ungeschlossener Leitungen in solcher Regelmäßigkeit erzielen konnte, daß er ihre Abhängigkeit von den verschiedensten Nebenumständen ermitteln und dadurch die Gesetze ihres Auftretens und sogar den Wert ihrer Wellenlänge in der Luft und ihre Fortpflanzungsgeschwindigkeit ermitteln konnte. Bei dieser ganzen Untersuchung muß man immer wieder den Scharfsinn seiner Überlegungen und sein experimentelles Geschick bewundern, die sich in der glücklichsten Weise ergänzten.

HERTZ hat durch diese Arbeiten der Physik neue Anschauungen natürlicher Vorgänge von dem größten Interesse gegeben. Es kann nicht mehr zweifelhaft sein, daß die Lichtschwingungen elektrische Schwingungen in dem den Weltraum füllenden Äther sind, daß dieser selbst die Eigenschaften eines Isolators und eines magnetisierbaren Mediums hat. Die elektrischen Oszillationen im Äther bilden eine Zwischenstufe zwischen den verhältnismäßig langsamen Bewegungen, welche etwa durch elastisch tönende Schwingungen magnetisierter Stimmgabeln dargestellt werden, und den ungeheuer schnellen Schwingungen des Lichts andererseits; aber es läßt sich nachweisen, daß ihre Fortpflanzungsgeschwindigkeit, ihre Natur als Transversalschwingungen, die damit zusammenhängende Möglichkeit der Polarisationserscheinungen, der Brechung und Reflexion vollständig denselben Verhältnissen entsprechen wie bei dem Lichte und bei den Wärmestrahlen. Nur fehlt den elektrischen Wellen die Fähigkeit, das Auge zu affizieren, wie diese auch den dunklen Wärmestrahlen fehlt, deren Schwingungszahl dazu nicht groß genug ist.

Es ist gewiß eine große Errungenschaft, die vollständigen Beweise dafür geliefert zu haben, daß das Licht, eine so einflußreiche und so geheimnisvolle Naturkraft, einer zweiten ebenso geheimnisvollen, und vielleicht noch beziehungsreicheren Kraft, der Elektrizität, auf das engste verwandt ist. Für die theoretische Wissenschaft ist es vielleicht noch wichtiger, verstehen zu können, wie anscheinende Fernkräfte durch Übertragung der Wirkung von einer Schicht des zwischenliegenden Mediums zur nächsten fortgeleitet werden. Freilich bleibt noch das Rätsel der Gravitation stehen, die wir noch nicht folgerichtig anders, denn als eine reine Fernkraft zu erklären wissen.

HEINRICH HERTZ hat sich durch seine Entdeckungen einen bleibenden Ruhm in der Wissenschaft gesichert. Sein Andenken wird aber nicht nur durch seine Arbeiten fortleben, auch seine liebenswürdigen Charaktereigenschaften, seine sich immer gleichbleibende Bescheidenheit, die freudige Anerkennung fremden Verdienstes, die treue Dankbarkeit, die er seinen Lehrern bewahrte, wird allen, die ihn kannten, unvergeßlich sein. Ihm selbst war es nur um die Wahrheit zu tun, die er mit äußerstem Ernst und mit aller Anstrengung verfolgte; nie machte sich die geringste Spur von Ruhmsucht oder persönlichem Interesse bei ihm geltend. Auch da, wo er einiges Recht gehabt hätte, Entdeckungen für sich in Anspruch zu nehmen, war er eher geneigt, stillschweigend zurückzutreten. Im ganzen still und schweigsam, konnte er doch heiter an fröhlichem Freundeskreise teilnehmen und die Unterhaltung durch manches treffende Wort beleben. Er hat wohl nie einen persönlichen Gegner gehabt, obgleich er gelegentlich über nachlässig gemachte oder renomistisch auftretende Bestrebungen, die sich für Wissenschaft ausgaben, ein scharfes Urteil fällen konnte. Sein äußerer Lebensgang verlief folgendermaßen: Im Jahre 1880 trat er als Assistent im Physikalischen Laboratorium der Berliner Universität ein; 1883 veranlaßte ihn das preußische Kultusministerium, sich in Kiel mit Aussicht auf baldige Beförderung zu habilitieren. Zu Ostern 1885 wurde er als ordentlicher Professor der Physik an die technische Hochschule zu Karlsruhe berufen. Hier machte er seine hauptsächlichsten Entdeckungen und hier verheiratete er sich mit Fräulein Elisabeth Doll, der Tochter eines Kollegen. Schon nach zwei Jahren erhielt er einen Ruf als Ordinarius der Physik an die Universität Bonn, dem er zu Ostern 1889 folgte.

In den nun folgenden leider so kurzen Jahren seines Lebens brachten ihm seine Zeitgenossen alle äußeren Zeichen der Ehre und Anerkennung entgegen. Im Jahre 1888 wurde ihm die Matteucci-Medaille von der italienischen Gesellschaft der Wissenschaften, 1889 von der Académie des Sciences in Paris der Preis La Caze und von der K. K. Akademie zu Wien der Baumgartner-Preis, 1890 die Rumford-Medaille von der Royal Society in London, 1891 der Bressa-Preis von der Königlichen Akademie in Turin verliehen.

Die Akademien von Berlin, München, Wien, Göttingen, Rom, Turin und Bologna, sowie viele andere gelehrte Gesellschaften wählten ihn zum korrespondierenden Mitglied, und die preußische Regierung verlieh ihm den Kronenorden.

Er sollte sich seines steigenden Ruhmes nicht lange erfreuen. Eine qualvolle Knochenkrankheit fing an, sich zu entwickeln; im November 1892 schon trat das Übel drohend auf. Eine damals ausgeführte Operation schien das Leiden für kurze Zeit zurückzudrängen. Hertz konnte seine Vorlesungen, wenn auch mit großer Anstrengung, bis zum 7. Dezember 1893 fortsetzen; am 1. Januar 1894 erlöste ihn der Tod von seinem Leiden.

Wie sehr das Nachsinnen von Hertz auf die allgemeinsten Gesichtspunkte der Wissenschaft gerichtet war, zeigt auch wieder das letzte Denkmal seiner irdischen Tätigkeit, das vorliegende Buch über die Prinzipien der Mechanik.

Er hat versucht, darin eine konsequent durchgeführte Darstellung eines vollständig in sich zusammenhängenden Systems der Mechanik zu geben und alle einzelnen besonderen Gesetze dieser Wissenschaft aus einem einzigen Grundgesetz abzuleiten, welches logisch genommen natürlich nur als eine plausible Annahme betrachtet werden kann. Er ist dabei zu den ältesten theoretischen Anschauungen zurückgekehrt, die man eben deshalb auch wohl als die einfachsten und natürlichsten ansehen darf, und stellt die Frage, ob diese nicht ausreichen würden, alle die neuerdings abgeleiteten allgemeinen Prinzipien der Mechanik konsequent und in strengen Beweisen herleiten zu können, auch wo sie bisher nur als induktive Verallgemeinerungen aufgetreten sind.

Die erste Entwicklung der wissenschaftlichen Mechanik knüpfte sich an die Untersuchungen des Gleichgewichts und der Bewegung fester Körper, die miteinander in unmittelbarer Berührung stehen, wofür die einfachen Maschinen, Hebel, Rollen, schiefe Ebenen, Flaschenzüge die erläuternden Beispiele gaben. Das Gesetz von den virtuellen Geschwindigkeiten ist die ursprünglichste, allgemeine Lösung aller dahin gehörigen Aufgaben. Später entwickelte GALILEI die Kenntnis der Trägheit und der Bewegungskraft als einer beschleunigenden Kraft, die freilich von ihm noch dargestellt wird als eine Reihe von Stößen. Erst NEWTON kam zum Begriff der Fernkraft und ihrer näheren Bestimmung durch das Prinzip der gleichen Aktion und Reaktion. Es ist bekannt, wie sehr anfangs ihm selbst und seinen Zeitgenossen der Begriff unvermittelter Fernwirkung widerstrebte.

Von da ab entwickelte sich die Mechanik weiter unter Benutzung von NEWTONS Begriff und Definition der Kraft, und man lernte allmählich auch die Probleme behandeln, in denen sich konservative Fernkräfte mit dem Einfluß fester Verbindungen kombinieren, deren allgemeinste Lösung in D'ALEMBERTS Prinzip gegeben ist. Die allgemeinen prinzipiellen Sätze der Mechanik (Gesetz von der Bewegung des Schwerpunkts, der Flächensatz für rotierende Systeme, das Prinzip von der Erhaltung der lebendigen Kräfte, das Prinzip der kleinsten Aktion) haben sich alle entwickelt unter der Voraussetzung von NEWTONS Attributen der konstanten, also auch konservativen Anziehungskräfte zwischen materiellen Punkten und der Existenz fester Verbindungen zwischen denselben. Sie sind ursprünglich nur unter der Annahme solcher gefunden und bewiesen worden. Man hat dann später durch Beobachtung gefunden, daß die so hergeleiteten Sätze eine viel allgemeinere Geltung in der Natur in Anspruch nehmen durften, als aus ihrem Beweise folgte, und hat demnächst gefolgert, daß gewisse allgemeinere Charaktere der NEWTONschen konservativen Anziehungskräfte allen Naturkräften zukommen, vermochte aber diese Verallgemeinerung aus einer gemeinsamen Grundlage nicht abzuleiten. HERTZ hat sich nun bestrebt, für die Mechanik eine solche Grundanschauung zu finden, welche fähig wäre, eine vollkommene folgerichtige Ableitung aller bisher als allgemeingültig anerkannten Gesetze der mechanischen Vorgänge zu geben, und er hat das mit großem Scharfsinn und unter einer sehr bewunderungswürdigen Bildung eigentümlich verallgemeinerter kinematischer Begriffe durchgeführt. Als einzigen Ausgangspunkt hat er die Anschauung der ältesten mechanischen Theorien gewählt, nämlich die Vorstellung, daß alle mechanischen Prozesse so vor sich gehen, als ob alle Verbindungen zwischen den aufeinander wirkenden Teilen feste wären. Freilich muß er die Hypothese hinzunehmen, daß es eine große Anzahl unwahrnehmbarer Massen und unsichtbarer Bewegungen derselben gebe, um dadurch die Existenz der Kräfte zwischen den nicht in unmittelbarer Berührung miteinander befindlichen Körpern zu erklären. Einzelne Beispiele, die erläutern könnten, wie er sich solche hypothetischen Zwischenglieder dachte, hat er aber leider nicht mehr gegeben, und es wird offenbar noch ein großes Aufgebot wissenschaftlicher Einbildungskraft dazu gehören, um auch nur die einfachsten Fälle physikalischer Kräfte danach zu erklären. Er scheint hierbei hauptsächlich auf die Zwischenschaltung cyklischer Systeme mit unsichtbaren Bewegungen Hoffnung gesetzt zu haben.

Englische Physiker, wie Lord Kelvin in seiner Theorie der Wirbelatome und Maxwell in seiner Annahme eines Systems von Zellen mit rotierendem Inhalt, die er seinem Versuch einer mechanischen Erklärung der elektromagnetischen Vorgänge zugrunde gelegt hat, haben sich offenbar durch ähnliche Erklärungen besser befriedigt gefühlt, als durch die bloße allgemeinste Darstellung der Tatsachen und ihrer Gesetze, wie sie durch die Systeme der Differentialgleichungen der Physik gegeben wird. Ich muß gestehen, daß ich selbst bisher an dieser letzteren Art der Darstellung festgehalten, und mich dadurch am besten gesichert fühlte; doch möchte ich gegen den Weg, den so hervorragende Physiker wie die drei genannten eingeschlagen haben, keine prinzipiellen Einwendungen erheben.

Freilich werden noch große Schwierigkeiten zu überwinden sein bei dem Bestreben, aus den von Hertz entwickelten Grundlagen Erklärungen für die einzelnen Abschnitte der Physik zu geben. Im ganzen Zusammenhange aber ist die Darstellung der Grundgesetze der Mechanik von Hertz ein Buch, welches im höchsten Grade jeden Leser interessieren muß, der an einem folgerichtigen System der Dynamik, dargelegt in höchst vollendeter und geistreicher mathematischer Fassung, Freude hat. Möglicherweise wird dieses Buch in der Zukunft noch von hohem heuristischen Wert sein als Leitfaden zur Entdeckung neuer allgemeiner Charaktere der Naturkräfte.

Vorwort des Verfassers

Alle Physiker sind einstimmig darin, daß es die Aufgabe der Physik sei, die Erscheinungen der Natur auf die einfachen Gesetze der Mechanik zurückzuführen. Welches aber diese einfachen Gesetze sind, darüber herrscht nicht mehr die gleiche Einstimmigkeit. Die meisten verstehen unter jener Bezeichnung wohl schlechthin die NEWTONschen Gesetze der Bewegung. In Wahrheit aber erhalten diese letzteren Gesetze ihren inneren Sinn und ihre physikalische Bedeutung erst durch den stillen Nebengedanken, daß die Kräfte, von welchen sie reden, einfacher Natur sind und einfache Eigenschaften haben. Was nun aber hier noch einfach und noch zulässig sei und was schon nicht mehr, das steht nicht fest; eben hier ist der Punkt, wo die Berufung auf allgemeine Einstimmigkeit aufhört. Daher sehen wir auch wirklich Meinungsverschiedenheiten entstehen, ob diese oder jene Annahme noch der gewöhnlichen Mechanik entspreche oder ob nicht mehr. Daß hier offene Fragen liegen, tritt freilich nur bei neuen Aufgaben hervor, hier aber als erstes Hindernis der Untersuchung. So ist z. B. der Versuch verfrüht, die Bewegungsgleichungen des Äthers auf die Gesetze der Mechanik zurückführen zu wollen, solange man sich nicht eindeutig darüber verständigt hat, was man mit diesem Namen bezeichnet haben will.

Die Aufgabe, deren Lösung die folgende Untersuchung anstrebt, ist diese, die hier vorhandene Lücke auszufüllen und eine vollkommen bestimmte Zusammenstellung der Gesetze der Mechanik anzugeben, welche mit dem Stande unserer heutigen Kenntnis verträglich ist, welche nämlich in Beziehung auf den Umfang dieser Kenntnis weder zu eng ist, noch zu weit. Die Zusammenstellung soll nicht zu eng sein, das heißt, es soll keine natürliche Bewegung geben, welche ihren Forderungen nicht gehorcht. Die Zusammenstellung aber soll auch nicht zu weit sein, das heißt, sie soll auch keine Bewegung zulassen, deren Vorkommen in der Natur schon nach dem Stande unserer heutigen Erfahrung ausgeschlossen ist. Ob die Zusammenstellung, welche ich als Lösung dieser Aufgabe im folgenden gebe, die einzig mögliche ist, oder ob es andere, vielleicht bessere mögliche gibt, bleibt dahingestellt. Daß aber die gegebene Zusammenstellung in jeder Hinsicht eine mögliche ist, beweise ich dadurch, daß ich ihre Folgen entwickele und zeige, daß bei voller Entfaltung sie den Inhalt der gewöhnlichen Mechanik aufzunehmen vermag, sofern sich der letztere auf die wirklichen Kräfte und Zusammenhänge der Natur beschränkt und sich nicht als Spielplatz mathematischer Übungsarbeit betrachtet.

Durch diese Entwickelung ist freilich aus einer theoretischen Abhandlung ein Buch geworden, welches eine vollständige Übersicht aller wichtigeren allgemeinen Sätze der Dynamik enthält und welches sogar als ein systematisches Lehrbuch dieser Wissenschaft gelten kann. Zu einer ersten Einführung ist dasselbe freilich aus verschiedenen Gründen nicht wohl geeignet; mit um so mehr Überzeugung aber bietet es sich demjenigen als Führer an, welcher den Inhalt der Mechanik aus der gewöhnlichen Darstellung schon einigermaßen kennt. Einem solchen hofft es einen Standpunkt zeigen zu können, von welchem aus die physikalische Bedeutung, die innere Verwandtschaft und die Tragweite der mechanischen Prinzipien in durchsichtiger Klarheit vor Augen liegt; von welchem aus auch der Begriff der Kraft wie die übrigen mechanischen Grundbegriffe des letzten Restes von Dunkelheit entkleidet erscheinen.

Die Aufgabe, welche sich die vorliegende Untersuchung stellt, ist in verdeckter Weise bereits behandelt und mit einer möglichen Lösung beantwortet durch von Helmholtz in seiner Arbeit über das Prinzip der kleinsten Wirkung und in der damit zusammenhängenden Arbeit über cyklische Systeme.[1]) In der ersteren wird die These aufgestellt und vertreten, daß die Mechanik auch dann noch die sämtlichen Vorgänge der Natur zu umfassen vermag, wenn man nicht nur die Newtonschen Grundlagen als allgemeingültig betrachtet, sondern auch die besonderen Voraussetzungen, welche neben jenen dem Hamiltonschen

[1]) H. von Helmholtz, Über die physikalische Bedeutung des Prinzips der kleinsten Wirkung. Journal für die reine und angewandte Mathematik **100**, p. 137—166, 213—222; 1887; Prinzipien der Statik monocyklischer Systeme, ebenda, **97**, p. 111—140, 317—336; 1884.

Prinzip zugrunde liegen. In der zweitgenannten Arbeit wird zum erstenmale in allgemeiner Weise Sinn und Bedeutung der verborgenen Bewegungen behandelt. Von jenen Arbeiten ist meine eigene Untersuchung im ganzen und in ihren Teilen wesentlich beeinflußt und abhängig; der Abschnitt über cyklische Systeme ist ihnen fast unmittelbar entnommen. Von der Form abgesehen, bestehen die Abweichungen meiner eigenen Lösung hauptsächlich in zwei Punkten: Einmal suche ich dasjenige von vornherein von den Elementen der Mechanik fern zu halten, was VON HELMHOLTZ durch nachträgliche Einschränkung aus der schon entwickelten Mechanik wieder entfernt. Zweitens entferne ich aus der Mechanik in gewissem Sinne weniger, indem ich mich nicht auf das HAMILTONsche Prinzip noch auf ein anderes Integralprinzip stütze. Die Gründe hierfür und die Folgen hiervon werden aus der Arbeit selbst erhellen.

Ähnliche Gedankenreihen, wie in den VON HELMHOLTZschen Arbeiten sind angesponnen in der bedeutenden Abhandlung von J. J. THOMSON über die physikalischen Anwendungen der Dynamik.[1]) Ebenfalls entwickelt hier der Verfasser die Folgen einer Dynamik, welche neben den NEWTONschen Gesetzen der Bewegung noch weitere, besondere, nicht ausdrücklich ausgesprochene Voraussetzungen zur Grundlage hat. Auch an diese Abhandlung also hätte ich mich anlehnen können; tatsächlich war meine eigene Untersuchung schon ziemlich fortgeschritten, als ich jene genauer kennen lernte. Das gleiche darf ich von den in mathematischer Hinsicht verwandten, aber weit älteren Arbeiten von BELTRAMI[2]) und LIPSCHITZ[3]) sagen; doch konnte ich noch reiche Anregung aus denselben schöpfen, ebenso aus der neueren Darstellung, welche DARBOUX[4]) von jenen Arbeiten mit eigenen Zusätzen gegeben hat. Manche mathematische Abhandlungen,

---

[1]) J. J. THOMSON, One some Applications of Dynamical Principles to Physical Phenomena. Philosophical Transactions **176**, II, p. 307—342, 1885.

[2]) BELTRAMI, Sulla teoria generale dei parametri differenziali. Memorie della Reale Accademia di Bologna, 25. Febbrajo 1869.

[3]) R. LIPSCHITZ, Untersuchung eines Problems der Variationsrechnung, in welchem das Problem der Mechanik enthalten ist. Journal für die reine und angewandte Mathematik **74**, p. 116—149, 1872. Bemerkungen zu dem Prinzip des kleinsten Zwanges. Ebenda, **82**, p. 316—342, 1877.

[4]) G. DARBOUX, Lecons sur la théorie générale des surfaces. Livre V, Chapitres 6, 7, 8. Paris 1889.

welche ich hätte berücksichtigen können und sollen, mögen mir entgangen sein. In allgemeiner Hinsicht verdanke ich sehr viel dem schönen Buche über die Entwickelung der Mechanik von MACH[1]). Es ist selbstverständlich, daß ich die bekannteren Lehrbücher der allgemeinen Mechanik zu Rate zog, nicht am wenigsten die umfassende Darstellung der Dynamik in dem Lehrbuche von THOMSON und TAIT[2]). Wertvoll war mir auch das Heft einer Vorlesung über analytische Dynamik von BORCHARDT, welches ich im Winter 1878/79 nachschrieb. Hiermit habe ich die von mir benutzten Quellen genannt; im Texte werde ich nur soviel zitieren, als die Sache selbst es verlangt. Im einzelnen habe ich ja auch nichts vorzutragen, das neu wäre und nicht aus vielen Büchern genommen werden könnte. Was, wie ich hoffe, neu ist, und worauf ich einzig Wert lege, ist die Anordnung und Zusammenstellung des Ganzen, also die logische, oder, wenn man will, die philosophische Seite des Gegenstandes. Meine Arbeit hat ihr Ziel erreicht oder verfehlt, je nachdem in dieser Richtung etwas gewonnen ist oder nicht.

---

[1]) E. MACH, Die Mechanik in ihrer Entwickelung historisch-kritisch dargestellt. Leipzig 1883.

[2]) W. THOMSON und P. G. TAIT, Handbuch der theoretischen Physik, deutsche Ausgabe von HELMHOLTZ und WERTHEIM, Braunschweig 1871.

Einleitung

Es ist die nächste und in gewissem Sinne wichtigste Aufgabe unserer bewußten Naturerkenntnis, daß sie uns befähige, zukünftige Erfahrungen vorauszusehen, um nach dieser Voraussicht unser gegenwärtiges Handeln einrichten zu können. Als Grundlage für die Lösung jener Aufgabe der Erkenntnis benutzen wir unter allen Umständen vorangegangene Erfahrungen, gewonnen durch zufällige Beobachtungen oder durch absichtlichen Versuch. Das Verfahren aber, dessen wir uns zur Ableitung des Zukünftigen aus dem Vergangenen und damit zur Erlangung der erstrebten Voraussicht stets bedienen, ist dieses: Wir machen uns innere Scheinbilder oder Symbole der äußeren Gegenstände, und zwar machen wir sie von solcher Art, daß die denknotwendigen Folgen der Bilder stets wieder die Bilder seien von den naturnotwendigen Folgen der abgebildeten Gegenstände. Damit diese Forderung überhaupt erfüllbar sei, müssen gewisse Übereinstimmungen vorhanden sein zwischen der Natur und unserem Geiste. Die Erfahrung lehrt uns, daß die Forderung erfüllbar ist und daß also solche Übereinstimmungen in der Tat bestehen. Ist es uns einmal geglückt, aus der angesammelten bisherigen Erfahrung Bilder von der verlangten Beschaffenheit abzuleiten, so können wir an ihnen, wie an Modellen, in kurzer Zeit die Folgen entwickeln, welche in der äußeren Welt erst in längerer Zeit oder als Folgen unseres eigenen Eingreifens auftreten werden; wir vermögen so den Tatsachen vorauszueilen und können nach der gewonnenen Einsicht unsere gegenwärtigen Entschlüsse richten. — Die Bilder, von welchen wir reden, sind unsere Vorstellungen von den Dingen; sie haben mit den Dingen die e i n e wesentliche Übereinstimmung, welche in der Erfüllung der genannten Forderung liegt, aber es ist für ihren Zweck nicht nötig, daß sie irgend eine weitere Übereinstimmung mit den Dingen haben. In der Tat wissen wir auch nicht und haben auch kein Mittel zu erfahren, ob unsere Vorstellungen von den Dingen mit jenen in irgend etwas anderem übereinstimmen, als allein in eben jener einen fundamentalen Beziehung.

Eindeutig sind die Bilder, welche wir uns von den Dingen machen wollen, noch nicht bestimmt durch die Forderung, daß die Folgen der Bilder wieder die Bilder der Folgen seien. Verschiedene Bilder derselben Gegenstände sind möglich, und diese Bilder können sich nach verschiedenen Richtungen unterscheiden. Als unzulässig sollten wir von vornherein solche Bilder bezeichnen, welche schon einen Widerspruch gegen die Gesetze unseres Denkens in sich tragen, und wir fordern also zunächst, daß alle unsere Bilder logisch zulässige oder kurz zulässige seien. Unrichtig nennen wir zulässige Bilder dann, wenn ihre wesentlichen Beziehungen den Beziehungen der äußeren Dinge widersprechen, das heißt, wenn sie jener ersten Grundforderung nicht genügen. Wir verlangen demnach zweitens, daß unsere Bilder richtig seien. Aber zwei zulässige und richtige Bilder derselben äußeren Gegenstände können sich noch unterscheiden nach der Zweckmäßigkeit. Von zwei Bildern desselben Gegenstandes wird dasjenige das zweckmäßigere sein, welches mehr wesentliche Beziehungen des Gegenstandes widerspiegelt als das andere, welches, wie wir sagen wollen, das deutlichere sei. Bei gleicher Deutlichkeit wird von zwei Bildern dasjenige zweckmäßiger sein, welches neben den wesentlichen Zügen die geringere Zahl überflüssiger oder leerer Beziehungen enthält, welches also das einfachere ist. Ganz werden sich leere Beziehungen nicht vermeiden lassen, denn sie kommen den Bildern schon deshalb zu, weil es eben nur Bilder und zwar Bilder unseres besonderen Geistes sind und also von den Eigenschaften seiner Abbildungsweise mitbestimmt sein müssen.

Wir haben bisher die Anforderungen aufgezählt, welche wir an die Bilder selbst stellen; etwas ganz anderes sind die Anforderungen, welche wir an eine wissenschaftliche Darlegung solcher Bilder stellen. Wir verlangen von der letzteren, daß sie uns klar zum Bewußtsein führe, welche Eigenschaften den Bildern zugelegt seien um der Zulässigkeit willen, welche um der Richtigkeit willen, welche um der Zweckmäßigkeit willen. Nur so gewinnen wir die Möglichkeit, an unsern Bildern zu ändern, zu bessern. Was den Bildern beigelegt wurde um der Zweckmäßigkeit willen, ist enthalten in den Bezeichnungen, Definitionen, Abkürzungen, kurzum in dem, was wir nach Willkür hinzutun oder wegnehmen können. Was den Bildern zukommt um ihrer Richtigkeit willen, ist enthalten in den Erfahrungstatsachen, welche beim Aufbau der Bilder gedient haben. Was den Bildern zukommt, damit sie zulässig seien, ist gegeben durch die Eigenschaften unseres Geistes. Ob ein Bild zulässig ist oder nicht, können wir eindeutig mit ja und nein entscheiden und zwar mit Gültigkeit unserer Entscheidung für alle Zeiten. Ob ein Bild richtig ist oder nicht, kann ebenfalls eindeutig mit ja und nein entschieden werden, aber nur nach dem Stande unserer gegenwärtigen Erfahrung und unter Zulassung der Berufung an spätere reifere Erfahrung. Ob ein Bild zweckmäßig sei oder nicht, dafür gibt es überhaupt keine eindeutige Entscheidung, sondern es können Meinungsverschiedenheiten bestehen. Das eine Bild kann nach der einen, das andere nach der andern Richtung Vorteile bieten, und nur durch allmähliches Prüfen vieler Bilder werden im Laufe der Zeit schließlich die zweckmäßigsten gewonnen.

Dies sind die Gesichtspunkte, nach welchen man, wie mir scheint, den Wert physikalischer Theorien und den Wert der Darstellung physikalischer Theorien zu beurteilen hat. Jedenfalls sind es die Gesichtspunkte, von welchen aus wir jetzt die Darstellungen betrachten wollen, welche man von den Prinzipien der Mechanik gegeben hat. Dabei ist es freilich zunächst nötig, bestimmt zu erklären, was wir mit diesem Namen bezeichnen.

In strengem Sinne verstand man ursprünglich in der Mechanik unter einem Prinzip jede Aussage, welche man nicht wieder auf andere Sätze der Mechanik selbst zurückführte, sondern welche man als unmittelbares Ergebnis anderer Quellen der Erkenntnis angesehen wissen wollte. Es konnte infolge der geschichtlichen Entwickelung nicht ausbleiben, daß Sätze, welche unter besonderen Voraussetzungen einmal mit Recht als Prinzipien bezeichnet wurden, später diesen Namen, wiewohl mit Unrecht, beibehielten. Seit LAGRANGE ist die Bemerkung häufig wiederholt worden, daß die Prinzipien des Schwerpunktes und der Flächen im Grunde nur Lehrsätze allgemeinen Inhalts seien. Man kann aber mit gleichem Rechte bemerken, daß auch die übrigen sogenannten Prinzipien nicht unabhängig voneinander diesen Namen führen können, sondern daß jedes von ihnen auf den Rang einer Folgerung oder eines Lehrsatzes herabsteigen muß, sobald die Darstellung der Mechanik auf eines oder mehrere der übrigen gegründet wird. Der Begriff des mechanischen Prinzipes ist demnach kein scharf festgehaltener. Wir wollen deshalb zwar jenen Sätzen in Einzelaussagen ihre herkömmliche Benennung belassen; wenn wir aber schlechthin und allgemein von den Prinzipien der Mechanik reden, so wollen wir darunter nicht jene einzelnen konkreten Sätze verstanden wissen, sondern jede übrigens beliebige Auswahl unter ihnen und unter ähnlichen Sätzen, welche der Bedingung genügt, daß sich aus ihr ohne weitere Berufung auf die Erfahrung die gesamte Mechanik rein deduktiv entwickeln läßt. Bei dieser Bezeichnungsweise stellen die Grundbegriffe der Mechanik zusammen mit den sie verkettenden Prinzipien das einfachste Bild dar, welches die Physik von den Dingen der sinnlichen Welt und den Vorgängen in ihr herzustellen vermag. Und da wir von den Prinzipien der Mechanik durch verschiedene Auswahl der Sätze, welche wir zugrunde legen, verschiedene Darstellungen geben können, so erhalten wir verschiedene solche Bilder der Dinge, welche Bilder wir prüfen und miteinander vergleichen können in bezug auf ihre Zulässigkeit, ihre Richtigkeit und ihre Zweckmäßigkeit.

Erstes Bild der Mechanik

Ein erstes Bild liefert uns die gewöhnliche Darstellung der Mechanik. Wir verstehen hierunter die in den Einzelheiten abweichende, in der Hauptsache übereinstimmende Darstellung fast aller Lehrbücher, welche das Ganze der Mechanik behandeln, fast aller Vorlesungen, welche sich über den gesamten Inhalt dieser Wissenschaft verbreiten. Diese Darstellung bildet den königlichen Weg und die große Heerstraße, auf welcher die Schar der Schüler in das Innere der Mechanik eingeführt wird; sie folgt genau dem Gang der historischen Entwickelung und der Reihenfolge der Entdeckungen; ihre Hauptstationen sind gekennzeichnet durch die Namen eines Archimedes, Galilei, Newton, Lagrange. Als gegebene Vorstellungen legt diese Darstellung zugrunde die Begriffe des Raumes, der Zeit, der Kraft und der Masse. Die Kraft ist dabei eingeführt als die vor der Bewegung und unabhängig von der Bewegung bestehende Ursache der Bewegung. Zuerst treten auf nur Raum und Kraft für sich, und ihre Beziehungen werden in der Statik behandelt. Die reine Bewegungslehre oder Kinematik begnügt sich, die beiden Begriffe Raum und Zeit in Verbindung zu setzen. Die GALILEIsche Vorstellung von der Trägheit liefert einen Zusammenhang zwischen Raum, Zeit und Masse allein. In den NEWTONschen Gesetzen der Bewegung treten zuerst alle vier Grundbegriffe nebeneinander in Verknüpfung auf. Diese Gesetze bilden die eigentliche Wurzel der weiteren Entwickelung, aber sie geben noch keinen allgemeinen Ausdruck für den Einfluß starrer räumlicher Verbindungen; hier erweitert das D'ALEMBERTsche Prinzip das allgemeine Ergebnis der Statik auf den Fall der Bewegung und schließt als letztes den Reigen der nicht auseinander ableitbaren, unabhängigen Grundaussagen. Alles weitere dagegen ist deduktive Ableitung. In der Tat sind die aufgezählten Begriffe und Gesetze nicht nur notwendig, sondern auch hinreichend, um den gesamten Inhalt der Mechanik aus ihnen mit Denknotwendigkeit zu entwickeln und alle übrigen sogenannten Prinzipien der Lehrsätze und Folgerungen aus besonderen Voraussetzungen erscheinen zu lassen. Jene aufgezählten Begriffe und Gesetze geben uns also ein erstes System der Prinzipien der Mechanik in unserer Ausdrucksweise; damit zugleich also auch das erste allgemeine Bild von den natürlichen Bewegungen der Körperwelt.

Es erscheint nun von vornherein sehr fernliegend, daß man an der logischen Zulässigkeit dieses Bildes auch nur zweifeln könne. Es erscheint fast unmöglich, daß man daran denke, logische Unvollkommenheiten aufzufinden in einem Systeme, welches von unzähligen und von den besten Köpfen immer und immer wieder durchdacht worden ist. Aber ehe man hieraufhin die Untersuchung abbricht, wird man fragen müssen, ob auch alle und ob die besten Köpfe immer von dem Systeme befriedigt gewesen sind. In jedem Falle muß es billig gleich im Anfang wundernehmen, wie leicht es ist, Betrachtungen an die Grundgesetze anzuknüpfen, welche sich ganz in der üblichen Redeweise der Mechanik bewegen und welche doch das klare Denken unzweifelhaft in Verlegenheit setzen. Versuchen wir dies zunächst an einem Beispiele zu zeigen. Wir schwingen einen Stein an einer Schnur im Kreise herum; wir üben dabei bewußtermaßen eine Kraft auf den Stein aus; diese Kraft lenkt den Stein beständig von der geraden Bahn ab, und wenn wir diese Kraft, die Masse des Steines und die Länge der Schnur verändern, so finden wir, daß die Bewegung des Steines in der Tat stets in Übereinstimmung mit dem zweiten NEWTONschen Gesetze erfolgt. Nun aber verlangt das dritte Gesetz eine

Gegenkraft zu der Kraft, welche von unserer Hand auf den Stein ausgeübt wird. Auf die Frage nach dieser Gegenkraft lautet die jedem geläufige Antwort: es wirke der Stein auf die Hand zurück infolge der Schwungkraft, und diese Schwungkraft sei der von uns ausgeübten Kraft in der Tat genau entgegengesetzt gleich. Ist nun diese Ausdrucksweise zulässig? Ist das, was wir jetzt Schwungkraft oder Zentrifugalkraft nennen, etwas anderes als die Trägheit des Steines? Dürfen wir, ohne die Klarheit unserer Vorstellungen zu zerstören, die Wirkung der Trägheit doppelt in Rechnung stellen, nämlich einmal als Masse, zweitens als Kraft? In unseren Bewegungsgesetzen war die Kraft die vor der Bewegung vorhandene Ursache der Bewegung. Dürfen wir, ohne unsere Begriffe zu verwirren, jetzt auf einmal von Kräften reden, welche erst durch die Bewegung entstehen, welche eine Folge der Bewegung sind? Dürfen wir uns den Anschein geben, als hätten wir über diese neue Art von Kräften in unseren Gesetzen schon etwas ausgesagt, als könnten wir ihnen mit dem Namen „Kraft“ auch die Eigenschaften der Kräfte verleihen? Alle diese Fragen sind offenbar zu verneinen; es bleibt uns nichts übrig als zu erläutern: die Bezeichnung der Schwungkraft als eine Kraft sei eine uneigentliche, ihr Name sei wie der Name der lebendigen Kraft als eine historische Überlieferung hinzunehmen, und die Beibehaltung dieses Namens sei aus Nützlichkeitsgründen mehr zu entschuldigen als zu rechtfertigen. Aber wo bleiben alsdann die Ansprüche des dritten Gesetzes, welches eine Kraft fordert, die der tote Stein auf die Hand ausübt, und welches durch eine wirkliche Kraft, nicht durch einen bloßen Namen befriedigt sein will?

Ich glaube nicht, daß diese Schwierigkeiten künstlich oder mutwillig heraufbeschworen sind; sie drängen sich uns von selbst auf. Sollte sich nicht ihr Ursprung bis in die Grundgesetze zurückverfolgen lassen? Die Kraft, von welcher die Definition und die ersten beiden Gesetze reden, wirkt auf einen Körper in einseitig bestimmter Richtung. Der Sinn des dritten Gesetzes ist, daß die Kräfte stets zwei Körper verbinden und ebensogut vom ersten zum zweiten wie vom zweiten zum ersten gerichtet sind. Die Vorstellung der Kraft, welche dieses Gesetz, und die Vorstellung, welche jene Gesetze voraussetzen und in uns erwecken, scheinen mir um ein Geringes verschieden; dieser geringe Unterschied aber reicht vielleicht aus, um die logische Trübung zu erzeugen, deren Folgen in unserem Beispiele zum Ausbruch kamen. Doch haben wir nicht nötig, auf die Untersuchung weiterer Beispiele einzugehen. Wir können allgemeine Wahrnehmungen als Zeugen für die Berechtigung unserer Zweifel aufrufen. Eine erste solche Wahrnehmung scheint mir die Erfahrung zu bilden, daß es sehr schwer ist, gerade die Einleitung in die Mechanik denkenden Zuhörern vorzutragen ohne einige Verlegenheit, ohne das Gefühl, sich hier und da entschuldigen zu müssen, ohne den Wunsch, recht schnell über die Anfänge hinwegzugelangen zu Beispielen, welche für sich selbst reden. Ich meine, NEWTON selbst müsse diese Verlegenheit empfunden haben, wenn er die Masse etwas gewalttätig definiert als Produkt aus Volumen und Dichtigkeit. Ich meine, die Herren THOMSON und TAIT müssen ihm nachempfunden haben, wenn sie anmerken, dies sei eigentlich mehr eine Definition der Dichtigkeit als der Masse, und sich gleichwohl mit derselben als einzigen Definition der Masse begnügen. Auch LAGRANGE, denke ich, müsse jene Verlegenheit und den Wunsch, um jeden Preis vorwärtszukommen, verspürt haben, als er seine Mechanik kurzerhand mit der Erklärung einleitete, eine Kraft sei eine Ursache, welche einem Körper eine Bewegung erteilt „oder zu erteilen strebt“, gewiß nicht ohne die logische Härte einer solchen Überbestimmung zu empfinden. Ein zweites Zeugnis nehme ich aus der Tatsache, daß wir schon für die elementaren Sätze der Statik, für den Satz vom Parallelogramm der Kräfte, den Satz der virtuellen Geschwindigkeiten usw. zahlreiche Beweise besitzen, welche von ausgezeichneten Mathematikern herrühren, welche den Anspruch machen, streng zu sein, und welche doch wieder nach dem Urteil anderer hervorragender Mathematiker diesem Anspruch keineswegs genügen. In einer logisch vollendeten Wissenschaft, in der reinen Mathematik, ist eine Meinungsverschiedenheit in solcher Frage schlechterdings undenkbar. Als ein sehr belastendes Zeugnis aber erscheinen mir auch die über Gebühr oft gehörten Behauptungen: das Wesen der Kraft sei noch rätselhaft, es sei eine Hauptaufgabe der Physik, das Wesen der Kraft zu erforschen, und ähnliche Aussagen mehr. In gleichem Sinne bestürmt man den Elektriker immer wieder nach dem Wesen der Elektrizität. Warum fragt nun niemand in diesem Sinne nach dem Wesen des Goldes oder nach dem Wesen der Geschwindigkeit? Ist uns das Wesen des Goldes bekannter als das der Elektrizität, oder das Wesen der Geschwindigkeit bekannter als das der Kraft? Können wir das Wesen irgend eines Dinges durch unsere Vorstellungen, durch unsere Worte erschöpfend wiedergeben? Gewiß nicht. Ich meine, der Unterschied sei dieser: Mit den Zeichen „Geschwindigkeit“ und „Gold“ verbinden wir eine große Zahl von Beziehungen zu anderen Zeichen, und zwischen allen diesen Beziehungen finden sich keine uns verletzenden Widersprüche. Das genügt uns, und wir fragen nicht weiter. Auf die Zeichen „Kraft“ und „Elektrizität“ aber hat man mehr Beziehungen gehäuft, als sich völlig miteinander vertragen; dies fühlen wir dunkel, verlangen nach Aufklärung und äußern unsern unklaren Wunsch in der unklaren Frage nach dem Wesen von Kraft und Elektrizität. Aber offenbar irrt die Frage in bezug auf die Antwort, welche sie erwartet. Nicht durch die Erkenntnis von neuen und mehreren Beziehungen und Verknüpfungen kann sie befriedigt werden, sondern durch die Entfernung der Widersprüche unter den vorhandenen, vielleicht also durch Verminderung der vorhandenen Beziehungen. Sind diese schmerzenden Widersprüche entfernt, so ist zwar nicht die Frage nach dem Wesen beantwortet, aber der nicht mehr gequälte Geist hört auf, die für ihn unberechtigte Frage zu stellen.

Wir haben in diesen Ausführungen die Zulässigkeit des betrachteten Bildes so stark verdächtigt, daß es scheinen muß, als sei es unsere Absicht, diese Zulässigkeit zu bestreiten und schließlich zu verneinen. Soweit geht indes unsere Absicht und unsere Überzeugung nicht. Mögen die logischen Unbestimmtheiten, welche uns um die Sicherheit der Grundlagen besorgt machen, auch wirklich bestehen, sie haben sicherlich keinen einzigen der zahllosen Erfolge verhindert, welche die Mechanik in ihrer Anwendung auf die Tatsachen errungen hat. Sie können also auch nicht bestehen in Widersprüchen zwischen den wesentlichen Zügen unseres Bildes, also nicht in Widersprüchen zwischen denjenigen Beziehungen der Mechanik, welche Beziehungen der Dinge entsprechen. Sie müssen sich vielmehr beschränken auf die unwesentlichen Züge, auf alles dasjenige, was wir selbst nach Willkür dem von der Natur gegebenen wesentlichen Inhalte hinzugedichtet haben. Dann aber lassen sich jene Verlegenheiten auch vermeiden. Vielleicht treffen unsere Einwände überhaupt nicht den Inhalt des entworfenen Bildes, sondern nur die Form der Darstellung dieses Inhalts. Wir sind gewiß nicht zu streng, wenn wir meinen, diese Darstellung sei noch niemals zur wissenschaftlichen Vollendung durchgedrungen, es fehle ihr noch durchaus die hinreichend scharfe Unterscheidung dessen, was in dem entworfenen Bilde aus Denknotwendigkeit, was aus der Erfahrung, was aus unserer Willkür stammt. In diesem Urteile treffen wir zusammen mit hervorragenden Physikern, welche sich mit diesen Fragen beschäftigt und über dieselben geäußert haben,[1]) freilich ohne daß von einer Übereinstimmung aller gesprochen werden könnte.[2]) Jenes Urteil findet ferner eine Bestätigung in der wachsenden Sorgfalt, welche in den neueren Lehrbüchern der Mechanik der logischen Zergliederung der Elemente gewidmet wird.[3]) In Übereinstimmung mit den Verfassern dieser Lehrbücher und mit jenen Physikern sind wir selbst der Überzeugung, daß die vorhandenen Lücken nur Lücken der Form sind, und durch geeignete Anordnung der Definitionen, Bezeichnungen und weiter durch vorsichtige Ausdrucksweise jede Unklarheit und Unsicherheit vermieden werden kann. In diesem Sinne geben wir, wie jedermann, die Zulässigkeit des Inhalts der Mechanik zu. Es erfordert aber die Würde und Größe des Gegenstandes durchaus, daß die logische Reinheit nicht nur mit gutem Willen zugegeben, sondern daß sie durch eine vollendete Darstellung auch so erwiesen werde, daß es nicht möglich sei, sie auch nur zu verdächtigen.

Leichter und der allgemeinen Zustimmung sicherer können wir das Urteil fällen über die Richtigkeit des von uns betrachteten Bildes. Niemand wird widersprechen, wenn wir versichern, daß diese Richtigkeit nach dem ganzen Umfange unserer bisherigen Erfahrung eine vollkommene sei, daß alle diejenigen Züge unseres Bildes, welche überhaupt den Anspruch machen, beobachtbare Beziehungen der Dinge wiederzugeben, solchen Beziehungen auch wirklich und richtig entsprechen. Wir beschränken allerdings unsere Zuversicht auf den Inhalt der bisherigen Erfahrung; was zukünftige Erfahrungen anlangt, so werden wir noch Gelegenheit haben, auf die Frage nach der Richtigkeit zurückzukommen. Manchem wird freilich diese Vorsicht nicht nur übertrieben, sondern geradezu sinnwidrig dünken; in der Meinung vieler Physiker erscheint es als einfach undenkbar, daß auch die späteste Erfahrung an den feststehenden Grund-

---

[1]) Siehe E. MACH, Die Mechanik in ihrer Entwickelung. Leipzig 1883, S. 228. Siehe ferner in der „Nature" von 1893 eine neuerdings von Herrn O. LODGE angeregte und im Schoße der Physical Society in London fortgeführte Diskussion über die Grundgesetze der Mechanik.

[2]) Siehe THOMSON & TAIT, Theoretische Physik, § 205ff.

[3]) Siehe E. BUDDE, Allgemeine Mechanik der Punkte und starren Systeme. Berlin 1890, S. 111—138. Die daselbst gegebene Darstellung gibt zugleich ein deutliches Bild von der Größe der Schwierigkeiten, welchen die widerspruchsfreie Anwendung der Elemente begegnet.

sätzen der Mechanik noch etwas zu ändern finden könne. Und doch kann das, was aus Erfahrung stammt, durch Erfahrung wieder vernichtet werden; jene allzugünstige Meinung von den Grundgesetzen kann also offenbar nur deshalb entstehen, weil in ihnen die Elemente der Erfahrung einigermaßen versteckt und mit den unabänderlichen denknotwendigen Elementen verschmolzen sind. Die logische Unbestimmtheit der Darstellung, welche wir vorher schlechtweg rügten, bietet also auch einen gewissen Vorteil; sie gibt den Fundamenten den Schein der Unabänderlichkeit; es war vielleicht in den Anfängen der Wissenschaft weise, sie einzuführen und eine zeitlang bestehen zu lassen. Man stellte die Richtigkeit des Bildes auf alle Fälle sicher dadurch, daß man sich vorbehielt, im Notfalle aus einer Erfahrungstatsache eine Definition zu machen oder umgekehrt. In einer vollendeten Wissenschaft aber ist solches Tasten, ein solcher Schein der Sicherheit nicht erlaubt; in der gereiften Erkenntnis ist die logische Reinheit in erster Linie zu berücksichtigen; nur logisch reine Bilder sind zu prüfen auf ihre Richtigkeit, nur richtige Bilder zu vergleichen nach ihrer Zweckmäßigkeit. Das dringende Bedürfnis verfährt oft umgekehrt: Die Bilder werden erfunden passend für einen beabsichtigten Zweck, dann geprüft auf ihre Richtigkeit, endlich und zuletzt gesäubert von inneren Widersprüchen.

Ist diese letzte Bemerkung nur einigermaßen zutreffend, so erscheint es uns nur natürlich, daß das betrachtete System der Mechanik höchste Zweckmäßigkeit aufweist, sobald es angewandt wird auf die einfachen Erscheinungen, für welche es zuerst erdacht wurde, also vor allem auf die Wirkung der Schwerkraft und die Aufgaben der praktischen Mechanik. Wir dürfen uns aber hierbei nicht beruhigen; wir haben uns zu erinnern, daß wir hier nicht die Bedürfnisse des täglichen Lebens und nicht den Standpunkt vergangener Zeiten vertreten wollen, daß wir vielmehr den gesamten Umfang der heutigen physikalischen Erkenntnis ins Auge fassen und daß wir überdies von der Zweckmäßigkeit in einem besonderen Sinne reden, welchen wir im Eingange genau bestimmt haben. Darnach haben wir die Pflicht, zunächst zu fragen: Ist das entworfene Bild vollkommen deutlich? Enthält es alle Züge, welche die heutige Erkenntnis an den natürlichen Bewegungen zu unterscheiden vermag? Diese Frage beantworten wir nun entschieden mit nein. Nicht alle Bewegungen, welche die Grundgesetze zulassen und welche die Mechanik als mathematische Übungsaufgaben behandelt, kommen in der

Natur vor; wir können von den natürlichen Bewegungen, Kräften, festen Verbindungen mehr aussagen, als es die angenommenen Grundgesetze tun. Seit der Mitte dieses Jahrhunderts sind wir fest überzeugt, daß keine Kräfte in der Natur wirklich vorkommen, welche eine Verletzung des Prinzips von der Erhaltung der Energie bedingen würden. Weit älter ist die Überzeugung, daß nur solche Kräfte vorkommen, welche sich darstellen lassen als Summe von Wechselwirkungen zwischen unendlich kleinen Elementen der Materie. Auch diese Elementarkräfte sind nicht frei. Als allgemein zugegebene Eigenschaften derselben können wir anführen, daß sie unabhängig sind vom absoluten Werte der Zeit und vom absoluten Orte im Raume. Andere Eigenschaften sind umstritten. Man hat bald vermutet, bald in Frage gestellt, ob die Elementarkräfte nur bestehen können in Anziehungen und Abstoßungen nach der Verbindungslinie der wirkenden Massen; ob ihre Größe nur bedingt sei durch die Entfernung, oder ob sie nicht auch abhängen könne von der absoluten oder der relativen Geschwindigkeit und nur von dieser, oder ob nicht auch die Beschleunigung oder noch höhere Differentialquotienten des Wegs nach der Zeit in Betracht kommen könnten. So wenig man sich also einig ist über alle bestimmten Eigenschaften, welche den Elementarkräften beizulegen sind, so sehr stimmt man doch überein in der Meinung, daß sich mehr solche allgemeine Eigenschaften angeben und aus der schon vorhandenen Beobachtung ableiten lassen, als die Grundgesetze enthalten. Man ist überzeugt, daß die Elementarkräfte, unbestimmt gesprochen, einfacher Natur sein müssen. Was in dieser Hinsicht von den Kräften gilt, kann man in gleicher Weise von den festen Verbindungen der Körper sagen, welche mathematisch durch Bedingungsgleichungen zwischen den Koordinaten dargestellt werden und deren Einfluß durch das D'ALEMBERTsche Prinzip bestimmt ist. Mathematisch kann man jede beliebige endliche oder Differentialgleichung zwischen den Koordinaten hinschreiben und verlangen, daß sie befriedigt werde; aber nicht immer läßt sich eine physikalische, eine natürliche Verbindung angeben, welche die Wirkung jener Gleichung hat; oft liegt die Vermutung, bisweilen die Überzeugung vor, daß eine solche Verbindung durch die Natur der Dinge ausgeschlossen sei. In welcher Weise aber sind die zulässigen Bedingungsgleichungen einzuschränken? Wo ist die Grenzlinie zwischen ihnen und den vorstellbaren? Man hat sich häufig begnügt, nur endliche Bedingungsgleichungen in Betracht zu ziehen. Diese Einschränkung aber geht zu weit, denn nicht integrierbare Differentialgleichungen können als Bedingungsgleichungen bei natürlichen Problemen wirklich auftreten.

Kurzum, sowohl was die Kräfte, als was die festen Verbindungen anlangt, enthält unser System der Prinzipien zwar alle die natürlichen Bewegungen, aber es umfängt gleichzeitig sehr viele Bewegungen, welche nicht natürliche sind. Ein System, welches diese letzteren oder doch einen Teil derselben ausschlösse, würde mehr wirkliche Beziehungen der Dinge zueinander widerspiegeln und also in diesem Sinne zweckmäßiger sein. Doch haben wir die Pflicht, auch noch in einer zweiten Richtung nach der Zweckmäßigkeit unseres Bildes zu fragen. Ist unser Bild auch einfach? Ist es sparsam an unwesentlichen Zügen, an Zügen also, welche von uns zwar zulässiger-, aber doch willkürlicherweise den wesentlichen Zügen der Natur hinzugefügt werden? Unsere Bedenken bei Beantwortung dieser Frage knüpfen sich wiederum an den Begriff der Kraft. Es kann nicht geleugnet werden, daß in sehr vielen Fällen die Kräfte, welche unsere Mechanik zur Behandlung physikalischer Fragen einführt, nur als leergehende Nebenräder mitlaufen, um überall da außer Wirksamkeit zu treten, wo es gilt, wirkliche Tatsachen darzustellen. In den einfachen Verhältnissen, an welche die Mechanik ursprünglich anknüpfte, ist das freilich nicht der Fall. Die Schwere eines Steines, die Kraft des Armes scheinen ebenso wirklich, ebenso der unmittelbaren Wahrnehmung zugänglich, wie die durch sie erzeugten Bewegungen. Aber wir brauchen nur etwa zur Bewegung der Gestirne überzugehen, um schon andere Verhältnisse zu haben. Hier sind die Kräfte niemals Gegenstand der unmittelbaren Erfahrung gewesen; alle unsere früheren Erfahrungen beziehen sich nur auf den scheinbaren Ort der Gestirne. Wir erwarten auch in Zukunft nicht, die Kräfte wahrzunehmen, sondern die zukünftigen Erfahrungen, welche wir erwarten, betreffen wiederum nur die Lage der leuchtenden Punkte am Himmel, als welche uns die Gestirne erscheinen. Nur bei der Ableitung der zukünftigen Erfahrungen aus den vergangenen treten als Hilfsgrößen vorübergehend die Gravitationskräfte ein, um wieder aus der Überlegung zu verschwinden. Ganz allgemein liegt die Sache so bei der Betrachtung der molekularen Kräfte, der chemischen, vieler elektrischen und magnetischen Wirkungen. Und wenn wir nun nach reiferer Erfahrung zurückkehren zu den einfachen Kräften, über deren Bestehen wir keinen Zweifel hatten, so werden wir belehrt, daß diese mit überzeugender Gewißheit von uns wahrgenommenen

Kräfte jedenfalls nicht wirkliche waren. Der Trieb jedes Körpers gegen die Erde hin, welchen wir mit Händen zu greifen glaubten, dieser Trieb, so sagt uns die reifere Mechanik, ist als solcher nicht wirklich, er ist das als Einzelkraft nur vorgestellte Ergebnis einer unfaßbaren Anzahl wirklicher Kräfte, welche die Atome des Körpers gegen alle Atome des Weltalls hinziehen. Auch hier sind dann also die wirklichen Kräfte niemals Gegenstand der früheren Erfahrung gewesen, noch erwarten wir, sie in zukünftigen Erfahrungen anzutreffen. Nur während des Prozesses, mit welchem wir die zukünftigen Erfahrungen aus den vergangenen ableiten, treten sie leise ein und wieder aus. Doch selbst wenn die Kräfte nur von uns in die Natur hineingetragen wären, dürften wir darum ihre Einführung noch nicht als unzweckmäßig bezeichnen. Wir waren uns von vornherein klar darüber, daß sich unwesentliche Nebenbeziehungen in unseren Bildern nicht ganz würden vermeiden lassen. Nur möglichste Einschränkung dieser Beziehungen, nur weise Besonnenheit in ihrem Gebrauch durften wir verlangen. Kann man aber behaupten, daß die Physik in dieser Richtung immer mit Sparsamkeit zu Werke gehen konnte? Mußte sie nicht vielmehr die Welt bis zum Übermaß erfüllen mit den verschiedensten Arten von Kräften, mit Kräften, welche selbst niemals in die Erscheinung treten, sogar mit solchen, welche nur ganz ausnahmsweise überhaupt eine Wirkung haben? Wir sehen etwa ein Stück Eisen auf dem Tische ruhen, wir vermuten demnach, daß keine Bewegungsursachen, keine Kräfte da seien. Die Physik, welche auf unserer Mechanik aufgebaut und durch dies Fundament notwendig bestimmt ist, belehrt uns eines anderen. Jedes Atom des Eisens wird zu jedem anderen Atom des Weltalls durch die Gravitationskraft hingezogen. Jedes Atom des Eisens ist aber auch magnetisch und dadurch mit jedem anderen magnetischen Atom des Weltalls durch neue Kräfte verbunden. Aber die Körper des Alls sind auch erfüllt mit bewegter Elektrizität, und von diesen bewegten Elektrizitäten gehen weitere verwickelte Kräfte aus, welche an jedem magnetischen Atom des Eisens ziehen. Und insofern die Teile des Eisens selbst Elektrizität enthalten, haben wir wieder andere Kräfte in Betracht zu ziehen, neben diesen dann noch verschiedene Arten von Molekularkräften. Einige dieser Kräfte sind nicht klein; wäre von allen Kräften nur ein Teil wirksam, so könnte dieser Teil das Eisen in Stücke reißen. In Wahrheit aber sind alle Kräfte so gegeneinander abgeglichen, daß die Wirkung der gewaltigen Zurüstung Null ist, daß trotz tausend vorhandenen Bewegungsursachen Bewegung nicht eintritt, daß das Eisen eben ruht. Wenn wir nun diese Vorstellungen unbefangen Denkenden vortragen, wer wird uns glauben? Wen werden wir überzeugen, daß wir noch von wirklichen Dingen reden und nicht von Gebilden einer ausschweifenden Einbildungskraft? Wir selbst aber werden nachdenklich werden, ob wir wirklich die Ruhe des Eisens und seiner Teile in einfacher Weise geschildert und abgebildet haben. Ob sich die Verwickelung überhaupt vermeiden läßt, ist zunächst ja fraglich; aber das ist nicht fraglich, daß ein System der Mechanik, welches sie vermeidet oder ausschließt, einfacher und in diesem Sinne zweckmäßiger ist, als das hier betrachtete, welches solche Vorstellungen nicht nur zuläßt, sondern uns geradezu aufzwingt.

Fassen wir noch einmal in kürzester Form die Bedenken zusammen, welche uns bei Betrachtung der gewöhnlichen Darstellungsweise der Prinzipien der Mechanik aufstießen. Was die Form anlangt, schien uns, daß der logische Wert der einzelnen Aussagen nicht hinreichend klar festgelegt worden sei. Was die Sache anlangt, schien uns, daß die von der Mechanik betrachteten Bewegungen sich nicht völlig mit den zu betrachtenden natürlichen Bewegungen decken. Manche Eigenschaften der natürlichen Bewegungen werden in der Mechanik nicht berücksichtigt; viele Beziehungen, welche die Mechanik betrachtet, fehlen wahrscheinlich in der Natur. Auch wenn diese Ausstellungen als gerechtfertigt anerkannt werden, dürfen sie uns freilich nicht zu der Meinung verleiten, daß die gewöhnliche Darstellung der Mechanik ihren Wert und ihre bevorzugte Stellung deshalb einbüßen müsse oder je einbüßen werde; aber sie rechtfertigen es doch hinreichend, daß wir uns auch nach anderen Darstellungen umsehen, welche in den getadelten Beziehungen Vorteile bieten und den darzustellenden Dingen noch enger angepaßt sind.

Zweites Bild der mechanischen Vorgänge

Ein zweites Bild der mechanischen Vorgänge ist weit jüngeren Ursprungs als das erste. Seine Entwickelung aus und neben jenem ist eng verknüpft mit den Fortschritten, welche die physikalische Wissenschaft in den letzten Jahrzehnten gemacht hat. Noch bis in die Mitte des Jahrhunderts erschien als letztes Ziel und als letzte anzustrebende Erklärung der Naturerscheinungen die Rückführung derselben auf unzählige Fernkräfte zwischen den

Atomen der Materie. Diese Anschauungsweise entsprach vollständig dem Systeme der mechanischen Prinzipien, welches wir als das erste bezeichnet haben; sie wurde durch jenes bedingt, wie jenes durch sie. Jetzt, gegen Ende des Jahrhunderts hat die Physik einer anderen Denkweise ihre Vorliebe zugewandt. Beeinflußt von dem überwältigenden Eindrucke, welchen die Auffindung des Prinzipes von der Erhaltung der Energie ihr gemacht hat, liebt sie es, die in ihr Gebiet fallenden Erscheinungen als Umsetzungen der Energie in neue Formen zu behandeln und die Rückführung der Erscheinungen auf die Gesetze der Energieverwandlung als ihr letztes Ziel zu betrachten. Diese Behandlungsart kann auch schon von vornherein auf die elementaren Vorgänge der Bewegung selbst angewandt werden; alsdann entsteht eine neue, von der ersten verschiedene Darstellung der Mechanik, in welcher von Anfang an der Begriff der Kraft zurücktritt zugunsten des Begriffs der Energie. Eben dieses so entstandene neue Bild der elementaren Bewegungsvorgänge ist es, welches wir als das zweite bezeichnen und welchem wir jetzt unsere Aufmerksamkeit widmen wollen. Wenn wir bei Besprechung des ersten Bildes den Vorteil hatten, daß wir das Bild selbst als deutlich vor den Augen aller Physiker stehend voraussetzen konnten, so ist das bei diesem zweiten Bilde nun freilich nicht der Fall. Dasselbe ist sogar wohl noch niemals in allen seinen Einzelheiten ausgemalt worden, es gibt meines Wissens kein Lehrbuch der Mechanik, welches sich von vornherein auf den Standpunkt der Energielehre stellte und den Begriff der Energie vor dem Begriff der Kraft einführte. Vielleicht ist auch noch niemals eine Vorlesung über Mechanik nach diesem Plane eingerichtet worden. Aber die Möglichkeit eines solchen Planes hat schon den Begründern der Energielehre eingeleuchtet; die Bemerkung, daß man auf diese Weise den Begriff der Kraft mit seinen Schwierigkeiten vermeiden könne, ist öfters gemacht; in einzelnen besonderen Anwendungen treten in der Wissenschaft immer häufiger Schlußreihen auf, welche ganz dieser Denkweise angehören. Wir können daher recht wohl eine Skizze entwerfen, welche uns die groben Umrisse des Bildes vorführt; wir können im allgemeinen den Plan angeben, nach welchem die beabsichtigte Darstellung der Mechanik geordnet werden müßte. Wie im ersten Bilde, so gehen wir auch hier aus von vier voneinander unabhängigen Grundbegriffen, deren Beziehungen zueinander den Inhalt der Mechanik bilden sollen. Zwei derselben haben einen mathematischen Charakter: Raum und Zeit, die beiden anderen:

Masse und Energie, werden eingeführt als in gegebener Menge vorhandene, unzerstörbare und unvermehrbare physikalische Wesenheiten. Freilich wird es nötig sein, neben dieser Erklärung auch deutlich anzugeben, durch welche konkreten Erfahrungen wir in letzter Instanz das Vorhandensein von Masse und Energie feststellen wollen. Hier nehmen wir an, daß dies möglich und daß es geschehen sei. Daß die Menge der Energie, welche mit bestimmten Massen verbunden ist, von dem Zustande dieser Massen abhängig ist, ist selbstverständlich. Es ist aber als eine erste allgemeine Erfahrung einzuführen, daß die vorhandene Energie sich stets in zwei Teile zerfällen läßt, von welchen der eine allein durch die gegenseitige Lage der Massen bedingt ist, der andere aber von ihrer absoluten Geschwindigkeit abhängt. Der erste Teil wird als potentielle Energie, der zweite Teil als kinetische Energie definiert. Die Form für die Abhängigkeit der kinetischen Energie von der Geschwindigkeit der bewegten Körper ist in allen Fällen die gleiche und bekannt; die Form für die Abhängigkeit der potentiellen Energie von der Lage der Körper kann nicht allgemein angegeben werden, sie bildet vielmehr die besondere Natur und die charakteristische Eigentümlichkeit der gerade betrachteten Massen. Es ist die Aufgabe der Physik, diese Form für die uns umgebenden Naturkörper aus früheren Erfahrungen zu ermitteln. Bis hierher treten in den Betrachtungen im wesentlichen nur drei Elemente, nämlich Raum, Masse und Energie in Beziehung. Um die Beziehungen aller vier Grundbegriffe und damit den zeitlichen Ablauf der Erscheinungen festzulegen, bedienen wir uns eines der Integralprinzipien der gewöhnlichen Mechanik, welche sich zu ihren Aussagen des Energiebegriffs bedienen. Welches derselben wir anwenden, ist ziemlich gleichgültig; wir können und wir wollen etwa das HAMILTONsche Prinzip wählen. Wir würden dann also als einziges erfahrungsmäßiges Grundgesetz der Mechanik den Satz aufstellen, daß jedes System natürlicher Massen sich so bewegt, als sei ihm die Aufgabe gestellt, gegebene Lagen in gegebener Zeit zu erreichen und zwar in solcher Weise, daß die Differenz zwischen kinetischer und potentieller Energie im Mittel über die ganze Zeit so klein ausfalle wie möglich. Ist dieses Gesetz auch in der Form nicht einfach, so gibt es doch durch eine einzige Bestimmung die natürlichen Umwandlungen der Energie zwischen ihren Formen in eindeutiger Weise wieder, es gestattet daher den Ablauf der wirklichen Erscheinungen für die Zukunft vollständig vorauszubestimmen. Mit der Aufstellung dieses neuen Gesetzes sind die unentbehrlichen Grundlagen der

Mechanik abgeschlossen. Was wir noch hinzufügen können, sind nur mathematische Ableitungen und etwa Vereinfachungen oder Hilfsbezeichnungen, welche vielleicht zweckmäßig, aber jedenfalls nicht notwendig sind. Zu diesen letzteren gehört dann auch der Begriff der Kraft, welcher in den Grundlagen selbst nicht auftrat. Seine Einführung ist zweckmäßig, sobald wir nicht nur Massen in Betracht ziehen, welche mit konstanten Mengen von Energie verbunden sind, sondern auch solche Massen, welche Energie an andere Massen abgeben oder von ihnen empfangen. Aber die Einführung geschieht nicht durch neue Erfahrung, sondern durch eine Definition, welche in mehr als einer Weise gefaßt werden kann. Dementsprechend sind auch die Eigenschaften der so definierten Kräfte nicht aus der Erfahrung zu ermitteln, sondern lassen sich aus der Definition und dem Grundgesetz ableiten, und selbst die Bestätigung dieser Eigenschaften durch die Erfahrung ist überflüssig, es wäre denn, daß man noch an der Richtigkeit des ganzen Systems zweifelte. Der Kraftbegriff als solcher kann also in diesem System keine logischen Schwierigkeiten mehr bereiten; auch für die Beurteilung der Richtigkeit des Systems kann er nicht in Frage kommen, nur auf die größere oder kleinere Zweckmäßigkeit desselben kann er Einfluß haben.

In der angedeuteten Weise also hätten wir etwa die Prinzipien der Mechanik zu ordnen, um sie der Anschauungsweise der Energielehre anzupassen. Es fragt sich nun aber, ob das entstandene zweite Bild vor dem erstbetrachteten etwas voraus habe, und wir wollen deshalb seine Vorzüge und Nachteile näher ins Auge fassen.

Diesmal liegt es in unserem Interesse, daß wir uns zuerst an die Zweckmäßigkeit halten, weil in bezug auf diese ein Fortschritt am unzweifelhaftesten hervortritt. Denn unser zweites Bild der natürlichen Bewegungen ist zunächst entschieden deutlicher; es gibt mehr Eigentümlichkeiten derselben wieder als das erste. Wenn wir das HAMILTONsche Prinzip aus den allgemeinen Grundlagen der Mechanik ableiten wollen, müssen wir den letzteren gewisse Voraussetzungen über die wirkenden Kräfte und über die Beschaffenheit etwaiger fester Verbindungen hinzufügen. Diese Voraussetzungen sind höchst allgemeiner Art, aber sie bedeuten darum doch ebenso viele wichtige Einschränkungen der durch das Prinzip dargestellten Bewegungen. Und umgekehrt lassen sich daher auch aus dem Prinzip eine ganze

Reihe von Beziehungen, insbesondere von Wechselbeziehungen zwischen jeder Art von möglichen Kräften ableiten, welche in den Prinzipien des ersten Bildes fehlen, welche aber in dem zweiten Bilde, und gleichzeitig, worauf es ankommt, in der Natur sich finden. Der Nachweis, daß dem so sei, bildet den eigentlichen Inhalt und das Ziel der Arbeiten, welche von Helmholtz unter dem Titel: „Über die physikalische Bedeutung des Prinzips der kleinsten Wirkung“ veröffentlicht hat. Wir treffen aber die Sachlage wohl genauer, wenn wir sagen, die Tatsache selbst, welche bewiesen werden soll, bilde die Entdeckung, welche in jener Arbeit mitgeteilt und dargelegt wird. Denn einer Entdeckung bedurfte in der Tat die Erkenntnis, daß aus so allgemeinen Voraussetzungen sich so besondere, wichtige und zutreffende Folgerungen ziehen lassen. Auf jene Abhandlung können wir uns daher auch berufen zur Erhärtung unserer Behauptung im einzelnen, und insofern jene Abhandlung zur Zeit den äußersten Fortschritt der Physik bezeichnet, können wir uns der Frage überhoben halten, ob ein noch engerer Anschluß an die Natur erreichbar sei, etwa durch Einschränkung der für die potentielle Energie zulässigen Formen. Lieber wollen wir betonen, daß unser jetziges Bild auch in Hinsicht der Einfachheit die Klippen vermeidet, an welchen die Zweckmäßigkeit unseres ersten Bildes sich gefährdet fand. Denn fragen wir nach dem eigentlichen Grunde, aus welchem die Physik es heutzutage liebt, ihre Betrachtungen in der Ausdrucksweise der Energielehre zu halten, so dürfen wir antworten: weil sie es auf diese Weise am besten vermeidet, von Dingen zu reden, von welchen sie sehr wenig weiß und welche auf die wesentlich beabsichtigten Aussagen auch keinen Einfluß haben. Wir bemerkten schon gelegentlich, daß die Rückführung der Erscheinungen auf die Kraft uns zwingt, unsere Überlegung beständig an die Betrachtung der einzelnen Atome und Moleküle anzuknüpfen. Nun sind wir ja allerdings gegenwärtig überzeugt davon, daß die wägbare Materie aus Atomen besteht; auch haben wir von der Größe dieser Atome und ihren Bewegungen in gewissen Fällen einigermaßen bestimmte Vorstellungen. Aber die Gestalt der Atome, ihr Zusammenhang, ihre Bewegungen in den meisten Fällen, alles dies ist uns gänzlich verborgen; ihre Zahl ist in allen Fällen unübersehbar groß. Unsere Vorstellung von den Atomen ist daher selbst ein wichtiges und interessantes Ziel weiterer Forschung, keineswegs aber ist sie besonders geeignet, als bekannte und gesicherte Grundlage mathematischer Theorien zu dienen. Einen so streng denkenden Forscher, wie es Gustav Kirchhoff war, berührte es daher fast peinlich, die Atome und ihre Schwingungen ohne zwingende Notwendigkeit in den Mittelpunkt einer theoretischen Ableitung gestellt zu sehen. Die willkürlich angenommenen Eigenschaften der Atome mögen ohne Einfluß auf das Endresultat sein; das letztere mag richtig sein. Gleichwohl sind die Einzelheiten der Ableitung selbst zum großen Teile mutmaßlich falsch; die Ableitung ist ein Scheinbeweis. Die ältere Denkweise der Physik läßt hier kaum eine Wahl, einen Ausweg zu. Dagegen bietet die Auffassung der Energielehre und damit unser zweites Bild der Mechanik den Vorteil, daß in die Voraussetzungen der Probleme nur die der Erfahrung unmittelbar zugänglichen Merkmale, Parameter, oder willkürlichen Koordinaten der betrachteten Körper eintreten; daß die Betrachtungen mit Hilfe dieser Merkmale in endlicher und geschlossener Form fortschreiten und daß auch das Endresultat unmittelbar wieder in greifbare Erfahrung kann übersetzt werden. Außer der Energie selbst in ihren wenigen Formen treten keine Hilfskonstruktionen in die Betrachtung ein. Unsere Aussagen können sich auf die bekannten Eigentümlichkeiten der betrachteten Körpersysteme beschränken, ohne daß wir unsere Unkenntnis der Einzelheiten durch willkürliche und einflußlose Hypothesen verdecken müßten. Nicht nur das Endresultat, sondern auch alle Schritte der Ableitung desselben können als richtig und sinnvoll vertreten werden. Dies sind die Vorzüge, welche diese Methode der heutigen Physik lieb gemacht haben, welche also auch unserem zweiten Bilde der Mechanik eigen sind und welche wir in unserer Bezeichnungsweise als Vorzüge der Einfachheit, also der Zweckmäßigkeit aufzufassen haben.

Leider werden wir wieder unsicherer über den Wert unseres Systems, wenn wir seine Richtigkeit und seine logische Zulässigkeit prüfen. Schon die Frage nach der Richtigkeit gibt zu gerechtfertigten Zweifeln Anlaß. Keineswegs dürfen wir der Übereinstimmung mit der Natur schon deshalb sicher sein, weil sich das HAMILTONsche Prinzip ja auch aus den zugegebenen Grundlagen der NEWTONschen Mechanik ableiten läßt. Wir haben zu bedenken, daß diese Ableitung nur dann stattfindet, wenn gewisse Voraussetzungen zutreffen, und daß anderseits unser System nicht nur den Anspruch macht, einige Bewegungen der Natur richtig zu beschreiben, sondern daß es behauptet, alle Bewegungen der Natur zu umfassen. Wir haben also zu untersuchen, ob auch wirklich neben den NEWTONschen Gesetzen jene besonderen Voraussetzungen Allgemeingültigkeit haben, und ein einziges Beispiel der Natur, welches widerspräche, würde die Richtigkeit des Systems als solches umwerfen, wenn es auch die Gültigkeit des HAMILTONschen Prinzips als allgemeinen Lehrsatz nicht im mindesten erschütterte. Hier entsteht nun das Bedenken, nicht sowohl ob unser Bild die gesamte Mannigfaltigkeit der Kräfte, sondern ob es auch wirklich die gesamte Mannigfaltigkeit der starren Verbindungen enthielte, welche zwischen den Körpern der Natur auftreten können. Die Anwendung des HAMILTONschen Prinzips auf ein materielles System schließt nicht aus, daß zwischen den gewählten Koordinaten desselben feste Zusammenhänge bestehen, aber sie verlangt immerhin, daß diese Zusammenhänge sich mathematisch ausdrücken lassen durch endliche Gleichungen zwischen den Koordinaten; sie gestattet nicht das Auftreten solcher Zusammenhänge, welche mathematisch nur durch Differentialgleichungen wiedergegeben werden können. Die Natur selbst aber scheint Zusammenhänge der letzteren Art nicht einfach auszuschließen. Denn dieselben treten zum Beispiel auf, sobald dreidimensionale Körper mit ihren Oberflächen ohne Gleitung aufeinander rollen. Durch diese Verbindung, welche wir in unserer Umgebung oft vorfinden, ist die Lage beider Körper zueinander nur insofern beschränkt, als sie stets einen Punkt der Oberfläche gemein haben müssen; die Bewegungsfreiheit der Körper aber ist noch um einen Grad weiter beschränkt. Es lassen sich also aus der Verbindung mehr Gleichungen zwischen den Änderungen der Koordinaten herleiten als zwischen den Koordinaten selbst, unter jenen muß daher mindestens eine sein, welche mathematisch als eine nicht integrabele Differentialgleichung zu bezeichnen ist. Auf derartige Fälle nun gestattet das HAMILTONsche Prinzip keine Anwendung mehr, oder genau gesprochen: Die mathematisch mögliche Anwendung des Prinzips führt zu physikalisch falschen Resultaten. Man beschränke die Betrachtung auf den einfachen Fall einer Kugel, welche allein ihrer Trägheit folgend auf einer festen horizontalen Ebene ohne Gleitung rollt; man kann hier ganz wohl durch bloße Betrachtung ohne Rechnung sowohl die Bewegungen übersehen, welche die Kugel wirklich ausführen kann, als auch die Bewegungen, welche dem HAMILTONSschen Prinzip entsprechen würden und welche so ausfallen müßten, daß die Kugel bei konstanter lebendiger Kraft gegebene Ziele in kürzester Zeit erreicht. Man kann sich daher auch ohne Rechnung überzeugen, daß beide Arten von Bewegungen sehr verschiedene Eigentümlichkeiten aufweisen. Wählen wir Anfangs- und Endlage der Kugel beliebig aus, so gibt es doch offenbar stets einen bestimmten Übergang aus einer zur andern, auf welchem die Zeit des Übergangs, also das HAMILTONsche Integral ein Minimum wird. In Wahrheit ist aber gar nicht aus jeder Lage in jede andere ohne die Mitwirkung von Kräften ein natürlicher Übergang möglich, wenn auch die Wahl der Anfangsgeschwindigkeit vollkommen frei steht. Aber selbst dann, wenn wir Anfangs- und Endlage so wählen, daß eine natürliche freie Bewegung zwischen beiden möglich ist, so ist dies gleichwohl nicht diejenige, welche dem Minimum der Zeit entspricht. Bei gewissen Anfangs- und Endlagen kann der Unterschied sehr auffallend sein. In diesem Falle würde eine Kugel, welche dem Prinzip gemäß sich bewegte, entschieden den Schein eines belebten Wesens annehmen, welches zielbewußt einer bestimmten Lage zusteuert, während neben ihr die Kugel, welche dem Gesetze der Natur folgt, den Eindruck einer toten, gleichförmig dahinkreiselnden Masse hervorrufen würde. Es würde nichts helfen, wollten wir an Stelle des HAMILTONschen Prinzips das Prinzip der kleinsten Wirkungen oder ein anderes Integralprinzip in den Vordergrund rücken, da alle diese Prinzipien nur einen geringen Unterschied der Bedeutung aufweisen und sich in der hier betrachteten Hinsicht ganz gleich verhalten. Übrigens ist der Weg vorgezeichnet, auf welchem allein wir das System verteidigen und gegen den Vorwurf der Unrichtigkeit in Schutz nehmen können. Wir haben zu leugnen, daß starre Verbindungen der angeführten Art mit Strenge in der Natur wirklich vorkommen. Wir haben auszuführen, daß jedes sogenannte Rollen ohne Gleitung in Wahrheit ein Rollen mit geringer Gleitung, also ein Vorgang der Reibung sei. Wir haben uns darauf zu berufen, daß ganz allgemein die Vorgänge in reibenden Flächen zu denjenigen gehören, welche noch nicht auf klar verstandene Ursachen zurückgeführt werden können, sondern für welche nur gerade empirisch die erzeugten Kräfte ermittelt sind; daher gehöre das ganze Problem zu denjenigen, zu deren Behandlung zurzeit die Benützung der Kräfte und damit der Umweg über die gewöhnlichen Methoden der Mechanik noch nicht vermieden werden könne. Überzeugend wirkt freilich diese Verteidigung nicht. Denn ein Rollen ohne Gleiten widerspricht weder dem Energieprinzipe noch einem anderen allgemein anerkannten Grundgesetze der Physik; der Vorgang ist in der sichtbaren Welt mit so großer Annäherung verwirklicht, daß man sogar Integrationsmaschinen auf die Voraussetzung seines genauen Eintretens gegründet hat; wir haben daher kaum ein Recht, sein Vorkommen als unmöglich auszuschließen, am wenigsten aus der Mechanik noch unbekannter Systeme, wie es die Atome oder die Teile des Äthers sind. Aber selbst wenn wir zugeben, daß die fraglichen Verbindungen in der Natur nur angenähert verwirklicht sind, selbst dann bereitet uns das Versagen des HAMILTONschen Prinzips in diesen Fällen Schwierigkeiten. Von jedem Grundgesetze unseres mechanischen Systems werden wir verlangen müssen, daß es angewandt auf angenähert richtige Verhältnisse immer noch angenähert richtige Resultate gebe, nicht aber gänzlich falsche. Denn da schließlich alle starren Zusammenhänge, welche wir der Natur entnehmen und in die Rechnung einführen, den wirklichen Verhältnissen nur angenähert entsprechen, so geraten wir sonst in gänzliche Unsicherheit, auf welche unter ihnen wir das Gesetz überhaupt noch anwenden dürfen, auf welche nicht mehr. Doch wollen wir die vorgetragene Verteidigung auch nicht gänzlich verwerfen; wir wollen entgegenkommend zugeben, daß die aufgeworfenen Zweifel nur die Zweckmäßigkeit des Systems, nicht aber seine Richtigkeit betreffen, so daß die aus ihnen entspringenden Nachteile durch andere Vorteile aufgewogen werden können.

Die wahren Schwierigkeiten erwarten uns nun aber erst, sobald wir versuchen, die Grundlagen des Systems so zu ordnen, daß den Anforderungen der logischen Zulässigkeit mit aller Strenge genügt werde. Wir dürfen bei der Einführung der Energie nicht dem gewöhnlichen Wege folgend von den Kräften ausgehen, von diesen zur Kräftefunktion, zur potentiellen Energie, zur Energie überhaupt fortschreiten. Eine solche Anordnung würde der ersten Darstellung der Mechanik angehören. Vielmehr haben wir, ohne eigentlich mechanische Entwickelungen schon vorauszusetzen, diejenigen einfachen unmittelbaren Erfahrungen anzugeben, durch welche wir allgemein das Vorhandensein eines Vorrats von Energie und die Bestimmung seiner Menge definiert wissen wollen. Wir haben oben nur angenommen, nicht aber bewiesen, daß eine solche Bestimmung möglich sei. Mehrere ausgezeichnete Physiker versuchen heutzutage, der Energie so sehr die Eigenschaften der Substanz zu leihen, daß sie annehmen, jede kleinste Menge derselben sei zu jeder Zeit an einen bestimmten Ort des Raumes geknüpft und bewahre bei allem Wechsel desselben und bei aller Verwandlung der Energie in neue Formen dennoch ihre Identität. Diese Physiker müssen notwendig die Überzeugung vertreten, daß sich Definitionen der verlangten Art wirklich geben lassen, und es war daher wohl erlaubt, die Möglichkeit derselben anzunehmen. Sollen wir selbst aber eine konkrete Form dafür aufweisen, welche uns genügt und welche allgemeiner Zustimmung sicher ist, so geraten wir in Verlegenheit; zu einem befriedigenden und abschließenden Ergebnis scheint diese ganze Anschauungsweise noch nicht gelangt. Eine besondere Schwierigkeit muß auch von vornherein der Umstand bereiten, daß die angeblich substanzartige Energie in zwei so gänzlich verschiedenen Formen auftritt, wie es die kinetische und die potentielle Form sind. Die kinetische Energie bedarf im Grunde an sich keiner neuen Grundbestimmung, da sie aus den Begriffen der Geschwindigkeit und der Masse abgeleitet werden kann; die potentielle Energie hingegen, welche eine selbständige Feststellung fordert, widerstrebt zugleich jeder Definition, welche ihr die Eigenschaften einer Substanz beilegt. Die Menge einer Substanz ist eine notwendig positive Größe; die in einem System enthaltene potentielle Energie scheuen wir uns nicht, als negativ anzunehmen. Bedeutet ein analytischer Ausdruck die Menge einer Substanz, so hat eine additive Konstante in dem Ausdruck dieselbe Wichtigkeit wie der Rest; in dem Ausdruck für die potentielle Energie eines Systems hat die additive Konstante niemals eine Bedeutung. Endlich kann der Inhalt eines physikalischen Systems an einer Substanz nur abhängen von dem Zustande des Systems selbst; der Inhalt gegebener Materie an potentieller Energie aber hängt ab von dem Vorhandensein entfernter Massen, welche vielleicht niemals Einfluß auf das System hatten. Ist das Weltall und damit die Menge jener entfernten Massen unendlich, so wird der Inhalt auch endlicher Mengen von Materie an vielen Formen potentieller Energie unendlich groß. Dies sind alles Schwierigkeiten, welche durch die gesuchte Definition der Energie beseitigt oder umgangen werden müßten. Obwohl wir nun auch nicht behaupten wollen, daß eine solche Umgehung unmöglich sei, so können wir sie doch gegenwärtig noch nicht als geleistet ansehen, und es wird am vorsichtigsten sein,. wenn wir es einstweilen noch als eine offene Frage betrachten, ob sich das System überhaupt in logisch einwurfsfreier Form entwickeln läßt.

Es ist vielleicht der Mühe wert, an dieser Stelle auch die Frage zu erörtern, ob ein anderer Einwurf gerechtfertigt sei, den man vielleicht gegen die Zulässigkeit des hier betrachteten Systems richten könnte. Soll ein Bild gewisser äußerer Dinge in unserem

Sinne zulässig sein, so müssen die Züge desselben nicht allein unter sich in Einklang stehen, sondern sie dürfen auch nicht den Zügen anderer in unserer Erkenntnis schon feststehender Bilder widersprechen. Daraufhin könnte man nun behaupten: Es sei nicht denkbar, daß das HAMILTONsche Prinzip oder ein Satz von verwandten Eigenschaften in Wahrheit ein Grundgesetz der Mechanik und damit ein Grundgesetz der Natur vorstelle, denn von einem Grundgesetze sei von vornherein Einfachheit und Schlichtheit zu erwarten, das HAMILTONsche Prinzip aber stelle, wenn man es analysiere, eine äußerst verwickelte Aussage dar. Nicht allein mache es die gegenwärtige Bewegung abhängig von Folgen, welche erst in der Zukunft hervortreten können, und mute dadurch der leblosen Natur Absichten zu, sondern, was schlimmer sei, es mute der Natur sinnlose Absichten zu. Denn das Integral, dessen Minimum das HAMILTONsche Prinzip fordert, habe keine einfache physikalische Bedeutung; es sei aber für die Natur ein unverständliches Ziel, einen mathematischen Ausdruck zum Minimum zu machen oder seine Variation zum Verschwinden zu bringen. Die gewöhnliche Antwort, welche die heutige Physik auf derartige Angriffe bereit hält, ist diese, daß die Voraussetzungen, von welchen die Betrachtungen ausgehen, metaphysischen Ursprungs seien, daß aber die Physik darauf verzichtet habe und es nicht mehr als Pflicht anerkenne, den Ansprüchen der Metaphysik gerecht zu werden. Sie lege kein Gewicht mehr auf die Gründe, welche von metaphysischer Seite einst zugunsten der Prinzipien vorgebracht seien, welche einen Zweck in der Natur andeuten; ebensowenig aber könne sie jetzt Einwänden metaphysischen Charakters gegen ebendieselben Prinzipien ihr Ohr leihen. Wenn wir bei solchem Rechten zu entscheiden hätten, so würden wir nicht unbillig denken, wenn wir uns mehr auf Seiten des Angreifers als des Verteidigers stellten. Kein Bedenken, welches überhaupt Eindruck auf unsern Geist macht, kann dadurch erledigt werden, daß es als metaphysisch bezeichnet wird; jeder denkende Geist hat als solcher Bedürfnisse, welche der Naturforscher metaphysische zu nennen gewohnt ist. Überdies läßt sich in dem vorliegenden Falle, wie wohl in allen ähnlichen, die gesunde und berechtigte Quelle unseres Bedürfnisses ganz wohl aufweisen. Freilich können wir von der Natur nicht a priori Einfachheit fordern, noch auch urteilen, was in ihrem Sinne einfach sei. Aber den Bildern, welche wir uns von ihr machen, können wir als unsern eigenen Schöpfungen Vorschriften machen. Wir urteilen nun mit Recht, daß, wenn unsere Bilder den Dingen gut angepaßt sind, daß dann die wirklichen Beziehungen der Dinge durch einfache Beziehungen zwischen den Bildern müssen wiedergegeben werden. Wenn aber die wirklichen Beziehungen zwischen den Dingen nur durch verwickelte, ja dem unvorbereiteten Geiste sogar unverständliche Beziehungen zwischen den Bildern sich wiedergeben lassen, so urteilen wir, daß diese Bilder den Dingen nur ungenügend angepaßt sind. Unsere Forderung der Einfachheit geht also nicht an die Natur, sondern an die Bilder, welche wir uns von ihr machen, und unser Widerspruch gegen eine verwickelte Aussage als Grundgesetz drückt nur die Überzeugung aus, daß, wenn der Inhalt der Aussage richtig und umfassend sei, er sich durch zweckmäßigere Wahl der Grundvorstellungen auch in einfacherer Form müsse aussprechen lassen. Eine andere Äußerung derselben Überzeugung ist der in uns erwachende Wunsch, von dem äußeren Verständnisse eines derartigen Gesetzes zu seinem tieferen und eigentlichen Sinn vorzudringen, von dessen Vorhandensein wir überzeugt sind. Ist diese Auffassung richtig, so bildet in der Tat der vorgebrachte Einwurf ein berechtigtes Bedenken gegen das System, aber er trifft dann nicht sowohl seine Zulässigkeit als vielmehr seine Zweckmäßigkeit, und er käme bei der Beurteilung der letzteren in Betracht. Es ist indessen nicht nötig, deshalb nochmals zur Besprechung jener zurückzukehren.

Überblicken wir noch einmal dasjenige, was wir über die Vorzüge des zweiten Bildes vorzubringen hatten, so können wir von der Gesamtheit desselben nicht allzu befriedigt sein. Obgleich die ganze Richtung der neueren Physik uns anlockt, den Begriff der Energie in den Vordergrund zu stellen und ihn auch in der Mechanik als Grund- und Eckstein unseres Aufbaues zu benutzen, so bleibt es doch mehr als zweifelhaft, ob wir bei diesem Vorgehen die Härten und Rauhigkeiten vermeiden können, welche uns in dem ersten Bilde der Mechanik anstößig waren. In der Tat habe ich auch diesem zweiten Wege der Darstellung nicht deshalb eine längere Besprechung gewidmet, um zur Beschreibung desselben zu ermutigen, sondern vielmehr um anzudeuten, aus welchen Gründen ich selbst ihn aufgegeben habe, nachdem ich zuerst ihn zu verfolgen versucht hatte.

Drittes Bild der Prinzipien der Mechanik

Eine dritte Anordnung der Prinzipien der Mechanik ist diejenige, welche in dem Hauptteil des Buches ausführlich dargelegt werden soll, deren Hauptzüge wir aber schon hier in der Einleitung vorführen wollen, um sie in demselben Sinne einer Kritik zu unterwerfen, wie es mit den beiden ersten geschehen ist. Von jenen unterscheidet sie sich wesentlich dadurch, daß sie von nur drei unabhängigen Grundvorstellungen ausgeht; denen der Zeit, des Raumes und der Masse. Sie betrachtet daher als ihre Aufgabe, die natürlichen Beziehungen zwischen diesen dreien und allein zwischen diesen dreien darzustellen. Ein vierter Begriff, wie der Begriff der Kraft oder der Energie, an welchen sich vorhin die Schwierigkeiten knüpften, ist als selbständige Grundvorstellung beseitigt. Die Bemerkung, daß drei voneinander unabhängige Vorstellungen nötig, aber auch hinreichend seien zur Entwicklung der Mechanik, hat schon G. Kirchhoff seinem Lehrbuche der Mechanik vorangestellt. Ganz ohne Ersatz kann freilich die so in den Grundvorstellungen ausfallende Mannigfaltigkeit nicht bleiben. In unserer Darstellung suchen wir die entstehende Lücke auszufüllen durch Benützung einer Hypothese, welche hier nicht zum ersten Male aufgestellt wird, welche man aber nicht in die Elemente der Mechanik selbst einzuführen gewohnt ist und deren Wesen wir etwa in der folgenden Weise erläutern können.

Versuchen wir, die Bewegungen der uns umgebenden Körper zu verstehen und auf einfache und durchsichtige Regeln zurückzuführen, indem wir aber nur dasjenige berücksichtigen, was wir unmittelbar vor Augen haben, so schlägt unser Versuch im allgemeinen fehl. Wir werden bald gewahr, daß die Gesamtheit dessen, was wir sehen und greifen können, noch keine gesetzmäßige Welt bildet, in welcher gleiche Zustände stets gleiche Folgen haben. Wir überzeugen uns, daß die Mannigfaltigkeit der wirklichen Welt größer sein muß als die Mannigfaltigkeit der Welt, welche sich unseren Sinnen unmittelbar offenbart. Wollen wir ein abgerundetes, in sich geschlossenes, gesetzmäßiges Weltbild erhalten, so müssen wir hinter den Dingen, welche wir sehen, noch andere, unsichtbare Dinge vermuten, hinter den Schranken unserer Sinne noch heimliche Mitspieler suchen. Diese tiefer liegenden Einflüsse erkannten wir in den ersten beiden Darstellungen an, und wir dachten sie uns als Wesen einer eigenen und besonderen Art, deshalb schufen wir zu ihrer Wiedergabe in unserem Bilde die Begriffe der Kraft und der Energie. Es steht uns aber noch ein anderer Weg offen. Wir können zugeben, daß ein verborgenes Etwas mitwirke, und doch leugnen, daß dieses Etwas einer besonderen Kategorie angehöre. Es steht uns frei, anzunehmen, daß auch das Verborgene nichts anderes sei als wiederum Bewegung und Masse, und zwar solche Bewegung und Masse, welche sich von der sichtbaren nicht an sich unterscheidet, sondern nur in Beziehung auf uns und auf unsere gewöhnlichen Mittel der Wahrnehmung. Diese Auffassungsweise ist nun eben unsere Hypothese. Wir nehmen also an, daß es möglich sei, den sichtbaren Massen des Weltalls andere denselben Gesetzen gehorchende Massen hinzuzudichten von solcher Art, daß dadurch das Ganze Gesetzmäßigkeit und Verständlichkeit gewinnt, und zwar nehmen wir an, daß dies ganz allgemein und in allen Fällen möglich sei, und daß es daher andere Ursachen der Erscheinungen auch gar nicht gebe, als die hierdurch zugelassenen. Was wir gewohnt sind als Kraft und als Energie zu bezeichnen, ist dann für uns nichts weiter als eine Wirkung von Masse und Bewegung, nur braucht es nicht immer die Wirkung grobsinnlich nachweisbarer Masse und grobsinnlich nachweisbarer Bewegung zu sein. Eine derartige Erklärung einer Kraft aus Bewegungsvorgängen pflegt man eine dynamische zu nennen, und man kann wohl sagen, daß die Physik gegenwärtig derartigen Erklärungen in hohem Grade hold ist. Die Kräfte der Wärme hat man mit Sicherheit auf die verborgenen Bewegungen greifbarer Massen zurückgeführt. Durch MAXWELLS Verdienst ist die Vermutung fast zur Überzeugung geworden, daß wir in den elektrodynamischen Kräften die Wirkung der Bewegung verborgener Massen vor uns haben. LORD KELVIN rückt die Möglichkeit dynamischer Erklärungen der Kräfte mit Vorliebe in den Vordergrund seiner Betrachtungen; in seiner Theorie von der Wirbelnatur der Atome hat er ein dieser Anschauung entsprechendes Bild des Weltganzen zu geben versucht. VON HELMHOLTZ hat in der Untersuchung über die zyklischen Systeme die wichtigste Form der verborgenen Bewegung ausführlich und zum Zwecke allgemeiner Anwendung behandelt; durch ihn ist den Ausdrücken „verborgene“ Masse, „verborgene“ Bewegung die Geltung technischer Ausdrücke im Deutschen verliehen. Hat aber jene Hypothese die Fähgikeit, die geheimnisvollen Kräfte allmählich aus der Mechanik wieder zu eliminieren, so kann sie auch verhindern, daß dieselben überhaupt in die Mechanik eintreten. Und entspricht die Verwertung der Hypothese zu ersterem Zwecke der Denkweise der heutigen Physik, so muß das gleiche von ihrer Benutzung zu letzterem Zwecke gelten. Dies ist der leitende Gedanke, von welchem wir ausgehen und durch dessen Verfolgung dasjenige Bild entsteht, welches wir als das dritte bezeichneten und dessen allgemeine Umrisse wir nun umfahren wollen.

Zuerst führen wir also ein die drei unabhängigen Grundbegriffe Zeit, Raum und Masse als Gegenstände der Erfahrung, indem wir angeben, durch welche konkreten sinnlichen Erfahrungen wir uns Zeiten, Massen, räumliche Größen bestimmt denken wollen. Was die Massen anbelangt, so behalten wir uns vor, neben den sinnlich wahrnehmbaren Massen durch Hypothese verborgene Massen einzuführen. Wir stellen sodann die Beziehungen zusammen, welche zwischen jenen konkreten Erfahrungen stets obwalten, und welche wir als die wesentlichen Beziehungen zwischen den Grundbegriffen festzuhalten haben. Es ist naturgemäß, daß wir die Grundbegriffe zunächst zu je zweien verbinden. Die Beziehungen, welche Raum und Zeit allein betreffen, können wir als Kinematik voraussenden. Zwischen Masse und Zeit allein besteht keine Verknüpfung. Masse und Raum dagegen treten wieder zusammen zu einer Reihe wichtiger erfahrungsmäßiger Beziehungen. Wir finden nämlich zwischen den Massen der Natur gewisse rein räumliche Zusammenhänge, welche darin bestehen, daß von Anbeginn an für alle Zeiten, und also unabhängig von der Zeit, jenen Massen gewisse Lagen und gewisse Änderungen der Lage als mögliche, alle anderen aber als unmögliche vorgeschrieben und zugeordnet sind. Wir können über diese Zusammenhänge ferner allgemein aussagen, daß sie nur die relative Lage der Massen untereinander betreffen, und weitergehend, daß sie gewissen Bedingungen der Stetigkeit genügen, welche ihren mathematischen Ausdruck darin finden, daß sich die Zusammenhänge selbst stets durch homogene lineare Gleichungen zwischen den ersten Differentialen derjenigen Größen wiedergeben lassen, durch welche wir die Lage der Massen bezeichnet haben. Die Zusammenhänge bestimmter materieller Systeme im einzelnen zu erforschen ist nicht Sache der Mechanik, sondern der experimentellen Physik; die bezeichnenden Merkmale, durch welche sich die verschiedenen materiellen Systeme der Natur unterscheiden, sind nach unserer Vorstellung eben einzig und allein die Zusammenhänge ihrer Massen. In den bisherigen Erörterungen haben wir nur je zwei der Grundbegriffe für sich verbunden, nunmehr wenden wir uns der eigentlichen Mechanik im engeren Sinne zu, in welcher alle drei zusammenzutreten haben. Es gelingt uns, ihre erfahrungsmäßige allgemeine Verknüpfung zusammenzufassen in ein einziges Grundgesetz, welches eine sehr nahe Analogie mit dem gewöhnlichen Trägheitsgesetz zieht. In der Tat läßt es sich in der Ausdrucksweise, welche wir benutzen, wiedergeben in der Aussage: jede natürliche Bewegung eines selbständigen materiellen Systems bestehe darin, daß das System mit gleichbleibender Geschwindigkeit eine seiner geradesten Bahnen verfolge. Diese Aussage ist allerdings nur verständlich, nachdem die benutzte mathematische Redeweise gehörig erörtert ist; der Sinn des Satzes aber läßt sich auch in der gewöhnlichen Sprache der Mechanik wiedergeben. Jener Satz faßt nämlich einfach das gewöhnliche Trägheitsgesetz und das GAUSSsche Prinzip des kleinsten Zwanges in eine einzige Behauptung zusammen. Er sagt also aus, daß, wenn die Zusammenhänge des Systems einen Augenblick gelöst werden könnten, sich dann seine Massen in geradliniger und gleichförmiger Bewegung zerstreuen würden, daß aber, da solche Auflösung nicht möglich ist, sie jener angestrebten Bewegung wenigstens so nahe bleiben als möglich. Wie jenes Grundgesetz in unserem Bilde der erste Erfahrungssatz der eigentlichen Mechanik ist, so ist es auch der letzte. Aus ihm zusammen mit der zugelassenen Hypothese verborgener Massen und gesetzmäßiger Zusammenhänge leiten wir den übrigen Inhalt der Mechanik rein deduktiv ab. Um ihn gruppieren wir die übrigen allgemeinen Prinzipien nach ihrer Verwandtschaft zu ihm und untereinander, als Folgerungen oder als Teilaussagen. Wir bemühen uns zu zeigen, daß bei dieser Anordnung der Inhalt unserer Wissenschaft nicht weniger reich und mannigfaltig ausfällt als der Inhalt einer Mechanik, welche von vier Grundvorstellungen ausgeht, jedenfalls nicht weniger reich und mannigfaltig, als es die Darstellung der Natur verlangt. Übrigens erweist es sich auch hier bald als zweckmäßig, den Begriff der Kraft einzuführen. Aber die Kraft tritt nun nicht auf als etwas von uns Unabhängiges und uns Fremdes, sondern als eine mathematische Hilfskonstruktion, deren Eigenschaften wir völlig in unserer Gewalt haben und welche also auch für uns nichts Rätselhaftes an sich haben kann. Nach dem Grundgesetze muß nämlich überall da, wo zwei Körper demselben System angehören, die Bewegung des einen durch die Bewegung des anderen mitbestimmt sein. Der Begriff der Kraft entsteht nun dadurch, daß wir es aus angebbaren Gründen zweckmäßig finden, diese Bestimmung der einen Bewegung durch die andere in zwei Stadien zu zerlegen und uns zu sagen: die Bewegung des ersten Körpers bestimme zunächst eine Kraft, diese Kraft erst bestimme die Bewegung des zweiten Körpers. Auf diese Weise wird jede Kraft zwar stets Ursache einer Bewegung, mit gleichem Rechte aber zugleich auch stets Folge einer Bewegung; sie wird, genau gesprochen, das nur gedachte Mittelglied zwischen zwei Bewegungen. Es ist klar, daß bei dieser Auffassung die allgemeinen Eigenschaften der Kräfte mit Denknotwendigkeit aus dem Grundgesetze folgen müssen, und wenn wir in möglichen Erfahrungen diese Eigenschaften bestätigt sehen, so kann uns dies nicht einmal verwundern, wenn anders wir an unserm Grundgesetz nicht zweifeln. Mit dem Begriffe der Energie und mit allen anderen einzuführenden Hilfskonstruktionen liegt die Sache ganz ebenso.

Was wir bisher gesagt haben, betraf den physikalischen Inhalt des vorzuführenden Bildes und erschöpfte denselben im Rahmen dieser Einleitung; es wird zweckmäßig sein, nun auch eine kurze Erörterung der besonderen mathematischen Form zu widmen, in welcher wir denselben wiedergeben werden. Jener Inhalt ist von dieser Form ganz unabhängig, und es ist vielleicht nicht ganz klug gehandelt, daß wir einen von dem Herkömmlichen abweichenden Inhalt sogleich in einer ungewohnten Form darbieten. Indessen weichen ja sowohl Form als Inhalt ein jedes für sich nur sehr wenig von wohlbekannten Dingen ab; außerdem passen eben dieser Inhalt und diese Form so zueinander, daß ihre Vorzüge sich gegenseitig stützen. Das wesentliche Merkmal der benutzten Terminologie besteht nun darin, daß sie gleich von vornherein ganze Systeme von Punkten vorstellt und in Betracht zieht, nicht aber jedesmal von den einzelnen Punkten ausgeht. Einem jeden sind die Ausdrücke „Lage eines Systems von Punkten“ und „Bewegung eines Systems von Punkten“ geläufig. Es ist eine nicht unnatürliche Fortsetzung dieser Redeweise, wenn wir die Gesamtheit der bei der Bewegung durchlaufenen Lagen eines Systems als seine Bahn bezeichnen. Jeder kleinste Teil dieser Bahn ist alsdann ein Bahnelement. Von zwei Bahnelementen kann das eine ein Teil des andern sein, sie unterscheiden sich alsdann noch nach der Größe und nur nach dieser. Zwei Bahnelemente, welche von derselben Lage ausgehen, können aber auch verschiedenen Bahnen angehören; alsdann ist keines von beiden ein Teil des anderen und sie unterscheiden sich nicht nur hinsichtlich der Größe; wir sagen deshalb, daß sie auch verschiedene Richtung haben. Durch diese Aussagen sind freilich die Merkmale „Größe“ und „Richtung“ für die Bewegung eines Systems noch nicht eindeutig bestimmt; wir können aber unsere Definitionen geometrisch oder analytisch so vervollständigen, daß ihre Folgen weder mit sich selbst noch mit dem Gesagten in Widerspruch geraten und daß zugleich die definierten Größen in der Geometrie des Systems genau den Größen entsprechen, welche wir in der Geometrie des Punktes mit den gleichen Namen bezeichnen, mit welchen bekannten Größen sie auch stets zusammenfallen, sobald das System sich auf einen Punkt reduziert. Sind aber einmal die Merkmale Größe und Richtung bestimmt, so liegt es nahe genug, die Bahn eines Systems gerade zu nennen, wenn alle ihre Elemente die gleiche Richtung haben; und krumm, sobald die Richtung der Elemente sich von Lage zu Lage ändert. Als Maß der Krümmung bietet sich wie in der Geometrie des Punktes die Änderungsgeschwindigkeit der Richtung mit der Lage von selber dar. Durch diese Definitionen sind nun aber schon eine ganze Reihe von Beziehungen gegeben, und die Zahl derselben wächst, sobald die Bewegungsfreiheit des betrachteten Systems durch seine Zusammenhänge eingeschränkt ist. Insbesondere lenken alsdann gewisse Klassen von Bahnen die Aufmerksamkeit auf sich, welche sich unter den möglichen durch besondere einfache Eigenschaften auszeichnen. Hierher gehören vor allen Dingen diejenigen Bahnen, welche in jeder ihrer Lagen so wenig wie möglich gekrümmt sind und welche wir als die geradesten Bahnen des Systems bezeichnen. Sie sind es, von welchen in dem Grundgesetz die Rede ist und welche wir schon oben bei Anführung desselben erwähnt haben. Hierher gehören ferner diejenigen Bahnen, welche die kürzeste Verbindung zwischen irgend zweien ihrer Lagen bilden und welche wir als kürzeste Bahnen des Systems bezeichnen. Unter gewissen Bedingungen fallen die Begriffe der geradesten und der kürzesten Bahnen zusammen. Dies Verhältnis ist uns durch Erinnerung an die Theorie der krummen Oberflächen sogar höchst geläufig, aber allgemein und unter allen Umständen hat es gleichwohl nicht statt. Die Sammlung und Ordnung aller hier auftretenden Beziehungen gehört in die Geometrie der Punktsysteme, und die Entwickelung dieser Geometrie hat eigenen mathematischen Reiz; wir verfolgen dieselbe aber nur so weit, als es der augenblickliche Zweck der physikalischen Anwendung erfordert. Da ein System von n Punkten eine $3n$fache Mannigfaltigkeit der Bewegung darbietet, welche aber durch die Zusammenhänge des Systems auch auf jede beliebige Zahl vermindert werden kann, so entstehen viele Analogien mit der Geometrie eines mehrdimensionalen Raumes, welche zum Teil so weit gehen, daß dieselben Sätze und Bezeichnungen hier und dort Bedeutung haben können. Es ist aber in unserem Interesse zu betonen, daß diese Analogien nur formale sind und daß trotz eines gelegentlich fremdartigen Klanges sich unsere Betrachtungen ausnahmslos auf konkrete Gebilde des Raumes unserer Sinnenwelt beziehen, daß also auch alle unsere Aussagen mögliche Erfahrungen darstellen und, wenn es nötig wäre, durch unmittelbare Versuche, nämlich durch Messung an Modellen, bestätigt werden könnten. Den Vorwurf, daß wir beim Aufbau einer Erfahrungswissenschaft die Welt der Erfahrung verlassen, diesen Vorwurf haben wir also nicht zu fürchten. Dagegen haben wir Rede zu stehen auf die Frage, ob sich denn die Weitläufigkeit einer neuen und ungewohnten Ausdrucksweise lohne und welchen entsprechenden Nutzen wir von der Anwendung derselben erwarten? Als Antwort nennen wir darauf als ersten Nutzen die große Einfachheit und Kürze, mit welcher sich die meisten allgemeinen und umfassenden Aussagen wiedergeben lassen. In der Tat erfordern Sätze, welche ganze Systeme behandeln, hier nicht mehr Worte und nicht mehr Begriffe, als wenn sie unter Benutzung der gewöhnlichen Ausdrucksweise in bezug auf einen einzelnen Punkt ausgesagt würden. Die Mechanik des materiellen Systems erscheint hier nicht mehr als eine Erweiterung und Verwickelung der Mechanik des einzelnen Punktes, sondern die letztere fällt als selbständige Untersuchung fort oder tritt doch nur gelegentlich als Vereinfachung und besonderer Fall der ersteren auf. Wendet man etwa ein, diese Einfachheit sei künstlich erzeugt, so antworten wir, daß es gar keine andere Methode gebe, einfache Beziehungen zu schaffen, als die künstliche und wohlerwogene Anpassung unserer Begriffe an die darzustellenden Verhältnisse. Will man aber in jenem Vorwurf des Künstlichen den Nebensinn des Gesuchten und Unnatürlichen hervorheben, so dürfen wir dem entgegenhalten, daß man vielleicht mit mehr Recht die Betrachtung ganzer Systeme für das Natürliche und Naheliegende halten könne als die Betrachtung einzelner Punkte. Denn in Wahrheit ist uns das materielle System unmittelbar gegeben, der einzelne Massenpunkt eine Abstraktion; alle wirkliche Erfahrung wird unmittelbar nur an Systemen gewonnen, und die an einfachen Punkten möglichen Erfahrungen sind daraus durch Verstandesschlüsse abgezogen. Als einen zweiten, allerdings nicht sehr wesentlichen Nutzen heben wir die Vorzüge der Form hervor, welche durch unsere mathematische Einkleidung dem Grundgesetz gegeben werden kann. Ohne jene Einkleidung müßten wir es zerlegen in das erste NEWTONsche Gesetz und das GAUSSsche Prinzip des kleinsten Zwanges. Beide zusammen würden nun zwar genau dieselbe Tatsache darstellen, aber sie würden neben dieser Tatsache andeutungsweise noch ein wenig mehr enthalten, und dieses Mehr wäre ein Zuviel. Erstens rufen sie die unserer Mechanik fremde Vorstellung wach, daß die Zusammenhänge der materiellen Systeme doch auch gelöst werden könnten, obwohl wir dieselben als von Anbeginn an bestehende und als gänzlich unlösbare bezeichnet haben. Zweitens kann man bei Benutzung des GAUSSschen Prinzips nicht vermeiden, die Nebenvorstellung zu erwecken, daß man nicht nur eine Tatsache, sondern zugleich auch den Grund dieser Tatsache mitteilen wolle. Man kann nicht aussagen, daß die Natur eine Größe, welche man Zwang nennt, beständig so klein als möglich hält, ohne anzudeuten, daß dies geschehe, eben weil jene Größe für die Natur einen Zwang, das heißt ein Unlustgefühl bedeute. Man kann nicht aussagen, daß die Natur verfahre wie ein verständiger Rechner, der seine Beobachtung ausgleicht, ohne nahezulegen, daß hier wie dort wohlüberlegte Absicht der Grund des Verfahrens sei. Gewiß liegt gerade ein besonderer Reiz in derartigen Seitenblicken, und dies hat GAUSS selbst in gerechter Freude an seiner schönen und für unsere Mechanik grundlegenden Entdeckung hervorgehoben. Aber doch müssen wir uns gestehen, daß dieser Reiz nur ein Spiel mit dem Geheimnisvollen ist; im Ernste glauben wir selbst nicht an unser Vermögen, durch derartige Andeutungen halb schweigend das Welträtsel zu lösen. Unser eigenes Grundgesetz vermeidet solche Winke gänzlich. Indem es genau die Form des gewöhnlichen Trägheitsgesetzes annimmt, gibt es so gut wie dieses eine nackte Tatsache ohne jeden Schein einer Begründung derselben. In demselben Maße, in welchem es dadurch ärmer und ungeschmückter erscheint, in demselben Maße ist es ehrlicher und wahrer. Doch vielleicht verführt mich die Vorliebe für die kleine Abänderung, welche ich selbst an dem GAUSSschen Prinzip angebracht habe, daß ich Vorzüge in ihr erblicke, welche fremden Augen notwendig verborgen sind. Sicher aber wird man, denke ich, dagegen zustimmen, wenn ich als dritten Nutzen unserer Methode anführe, daß dieselbe ein helles Licht auf die von HAMILTON erfundene Behandlungsweise mechanischer Probleme mit Hilfe charakteristischer Funktionen wirft. Diese Behandlungsweise hat in den sechzig Jahren ihres Bestehens Anerkennung und Ruhm genug gefunden, aber sie ist doch mehr aufgefaßt und behandelt worden wie ein neuer Seitenzweig der Mechanik, dessen Wachstum und Weiterbildung neben der gewöhnlichen Methode und unabhängig von derselben vor sich zu gehen habe. In unserer Form der mathematischen Darstellung aber trägt die HAMILTONsche Methode nicht den Charakter eines Seitenzweiges, sondern sie erscheint als die gerade, naturgemäße und sozusagen selbstverständliche Fortsetzung der elementaren Aussagen in allen den Fällen, in welchen sie überhaupt anwendbar ist. Auch das läßt unsere Darstellungsweise klar hervortreten, daß die HAMILTONsche Behandlungsweise nicht in den besonderen physikalischen Grundlagen der Mechanik ihre Wurzeln hat, wie man wohl gewöhnlich annimmt, sondern daß sie im Grunde genommen eine rein geometrische Methode ist, welche begründet und ausgebildet werden kann, ganz unabhängig von der Mechanik, und welche mit dieser in keiner engeren Beziehung steht als alle andere von der Mechanik benutzte geometrische Erkenntnis auch. Übrigens ist es von den Mathematikern seit langem bemerkt worden, daß die HAMILTONsche Methode rein geometrische Wahrheiten enthält und zum klaren Ausdruck derselben eine eigentümliche, ihr angepaßte Ausdrucksweise geradezu fordert. Nur ist die Tatsache in etwas verwirrender Form zutage getreten, nämlich in den Analogien, welche man beim Verfolg der HAMILTONschen Gedanken zwischen der gewöhnlichen Mechanik und der Geometrie eines vieldimensionalen Raumes gefunden hat. Unsere Ausdrucksweise gibt eine einfache und verständliche Erklärung dieser Analogien; sie gestattet auch die Vorteile derselben zu genießen, und sie vermeidet doch die Unnatürlichkeit, welche in der Verquickung eines Zweiges der Physik mit außersinnlichen Abstraktionen liegt.

Wir haben nunmehr unser drittes Bild der Mechanik nach Inhalt und Form so weit geschildert, als es angeht, ohne dem Buche selbst vorzugreifen; zugleich hinreichend, um es den beabsichtigten Fragen nach seiner Zulässigkeit, seiner Richtigkeit und seiner Zweckmäßigkeit unterwerfen zu können. Was zunächst die logische Zulässigkeit des entworfenen Bildes anlangt, so denke ich, daß dieselbe selbst strengen Anforderungen genügen könne, und hoffe, daß diese Meinung der Zustimmung begegnen möge. Ich lege auf diesen Vorzug der Darstellung das größte Gewicht, ja einzig Gewicht. Ob das entworfene Bild zweckmäßiger ist als ein anderes, ob es fähig ist, alle zukünftige Erfahrung zu umfassen, ja ob es auch nur alle gegenwärtige Erfahrung umfaßt, alles dies ist mir fast nichts gegen die Frage, ob es in sich abgeschlossen, rein und widerspruchsfrei ist. Denn nicht deshalb habe ich es zu zeichnen versucht, weil die Mechanik nicht bereits für ihre Anwendungen genügend Zweckmäßigkeit zeigte, noch weil dieselbe mit der Erfahrung irgend in Widerstreit geraten wäre, sondern allein um mich von dem drückenden Gefühle zu befreien, daß ihre Elemente nicht frei seien von Dunkelheiten und Unverständlichkeiten für mich. Nicht das einzig mögliche Bild der mechanischen Vorgänge, noch auch das beste Bild, sondern überhaupt nur ein begreifbares Bild wollte ich suchen und an einem Beispiel zeigen, daß ein solches möglich sei, und wie es etwa aussehen müsse. Die Vollkommenheit ist uns freilich in jeder Richtung unerreichbar, und ich muß mir gestehen, daß trotz vieler Mühe das erlangte Bild nicht in allen Punkten von so überzeugender Klarheit ist, daß es nicht dem Zweifel ausgesetzt und der Verteidigung bedürftig wäre. Doch scheint mir von Einwänden allgemeiner Art nur ein einziger hinreichend nahe zu liegen, daß es sich lohnt, ihn vorwegzunehmen und abzuschneiden. Er betrifft die Natur der starren Verbindungen, welche wir zwischen den Massen annehmen, und welche wir auch in unserem System auf keine Weise entbehren können. Viele Physiker werden zunächst der Ansicht sein, daß mit diesen Verbindungen doch schon Kräfte in die Elemente der Mechanik eingeführt und zwar in heimlicher und deshalb unerlaubter Weise eingeführt seien. Denn — so werden sie sagen — starre Verbindungen sind nicht denkbar ohne Kräfte; starre Verbindungen können nicht auf andere Weise zustande kommen, als indem sie durch Kräfte erzwungen werden. Wir antworten darauf: Euere Behauptung ist allerdings richtig für die Denkweise der gewöhnlichen Mechanik, aber sie ist nicht richtig unabhängig von dieser Denkweise; sie erscheint nicht zwingend dem Geist, welcher die Sache unbefangen und wie zum erstenmal betrachtet. Gesetzt wir finden, auf welche Weise auch immer, daß der Abstand zweier bestimmter punktförmiger Massen zu allen Zeiten und unter allen Umständen derselbe bleibt, so können wir dieser Tatsache Ausdruck verleihen, ohne andere als räumliche Vorstellungen zu benutzen, und die ausgesagte Tatsache hat als Tatsache für die Voraussicht zukünftiger Erfahrung und für alle andern Zwecke ihren Wert unabhängig von einer etwaigen Erklärung, welche wir besitzen oder nicht besitzen. Auf keinen Fall wird der Wert der Tatsache erhöht oder unser Verständnis von ihr verbessert dadurch, daß wir sie in der Form mitteilen: Zwischen jenen Massen wirke eine Kraft, welche ihren Abstand konstant hält, oder: Zwischen ihnen sei eine Kraft tätig, welche verhindert, daß sich ihr Abstand von seinem festen Wert entferne. Aber — so wird man uns wieder einwenden — wir sehen ja, daß die letztere Erklärung, obwohl scheinbar nur eine lächerliche Umschreibung, gleichwohl richtig ist. Denn alle Verbindungen der wirklichen Welt sind nur angenähert starr, und der Schein der Starrheit wird nur dadurch hervorgebracht, daß die elastischen Kräfte die kleinen Abweichungen von der Ruhelage beständig wieder vernichten. Wir antworten: Von solchen starren Verbindungen der greifbaren Körper, welche nur angenähert verwirklicht sind, wird unsere Mechanik selbstverständlich als Tatsache auch nur aussagen, daß ihnen angenähert genügt werde, und zu dieser Aussage, auf welche es ankommt, bedarf sie wiederum des Begriffs der Kraft nicht. Will unsere Mechanik aber in zweiter Annäherung die Abweichungen und damit die elastischen Kräfte berücksichtigen, so wird sie für diese wie für alle Kräfte eine dynamische Erklärung annehmen; bei der Suche nach den wirklich starren Verbindungen wird sie vielleicht zur Welt der Atome hinabzusteigen haben, aber diese Erörterungen sind hier nicht am Platze, sie berühren nicht mehr die Frage ob es logisch zulässig sei, feste Verbindungen unabhängig von und vor den Kräften zu behandeln. Daß diese Frage zu bejahen sei und nur dies wünschten wir zu erweisen und glauben wir erwiesen zu haben. Steht aber dies fest, so können wir aus der Natur der festen Verbindungen die Eigenschaften der Kräfte und ihr Verhalten ableiten, ohne uns damit einer petitio principii schuldig gemacht zu haben. Andere Einwände ähnlicher Art sind möglich, können aber, wie ich glaube, in ähnlicher Art erledigt werden.

Dem Wunsche, die logische Reinheit des Systems auch in allen Einzelheiten zu erweisen, habe ich dadurch Ausdruck gegeben, daß ich für die Darstellung die ältere synthetische Form benutzt habe. Diese Form bietet für jenen Zweck schon darin einen gewissen Vorteil, daß sie uns zwingt, jeder wesentlichen Aussage den beabsichtigten logischen Wert in abwechslungsarmer aber bestimmter Angabe vorauszuschicken. Dadurch werden die bequemen Vorbehalte und Vieldeutigkeiten unmöglich gemacht, zu welchen die gewöhnliche Sprache durch den Reichtum ihrer Verknüpfung verlockt. Der wichtigste Vorteil der gewählten Form ist aber dieser, daß sie stets nur auf Vorbewiesenes sich beruft, niemals auf später zu Erweisendes, so daß man der ganzen Kette sicher ist, wenn man beim Vorwärtsschreiten nur jedes einzelne Glied genügend prüft. In dieser Hinsicht habe ich den Pflichten dieser Art der Darstellung mit Strenge zu genügen gesucht. Im übrigen ist es selbstverständlich, daß die Form allein vor Irrtum und Übersehen keinen Schutz gewähren kann, und bitte ich etwa eingeflossene Fehler nicht um des etwas anspruchsvollen Vortrags willen strenger zu beurteilen. Ich hoffe, solche Fehler werden stets verbesserungsfähig sein und daher keinen wesentlichen Punkt betreffen. Bisweilen bin ich übrigens bewußterweise zur Vermeidung allzu großer Weitläufigkeit hinter der vollen Schärfe zurückgeblieben, welche die Darstellungsweise eigentlich fordert. Es bedarf keiner besonderen Begründung, daß ich den Betrachtungen der eigentlichen Mechanik, welche von physikalischer Erfahrung abhängt, diejenigen Beziehungen vorausgeschickt habe, welche allein Folge der gewählten Definitionen und mathematischer Notwendigkeit sind, und welche, wenn überhaupt, so doch jedenfalls in anderm Sinne als jene mit der Erfahrung zusammenhängen. Nichts hindert übrigens den Leser, mit dem zweiten Buche zu beginnen. Die durchsichtige Analogie mit der Mechanik des einzelnen Punktes und der bekannte Stoff werden ihn den Sinn der vorgetragenen Sätze leicht erraten lassen. Hat er der benutzten Redeweise Zweckmäßigkeit zugebilligt, so ist immer noch Zeit, daß er sich aus dem ersten Buche von ihrer Zulässigkeit überzeuge.

Wenden wir uns jetzt der zweiten wesentlichen Forderung zu, welcher unser Bild zu genügen hat, so ist es zunächst unzweifelhaft, daß das System sehr viele natürliche Bewegungen richtig darstellt. Allein nach den Ansprüchen des Systems genügt dies nicht; es muß als notwendige Ergänzung die Behauptung dahin erweitert werden, daß das System alle natürlichen Bewegungen ohne Ausnahme umfasse. Auch dies kann man, denke ich, behaupten, wenigstens in dem Sinne, daß sich zurzeit keine bestimmten Erscheinungen angeben lassen, welche dem System nachweislich widersprächen. Es ist freilich klar, daß die Ausdehnung auf alle Erscheinungen einer scharfen Prüfung nicht zugänglich ist, daß daher das System über das Ergebnis sicherer Erfahrung ein wenig hinausgeht und also den Charakter einer Hypothese trägt, welche versuchsweise angenommen wird und auf plötzliche Widerlegung durch ein einziges Beispiel oder allmähliche Bestätigung durch sehr viele Beispiele wartet. Vornehmlich sind es zwei Stellen, an welchem ein Hinausgehen über sichere Erfahrung stattfindet: Die eine betrifft unsere Beschränkung der möglichen Zusammenhänge, die andere betrifft die dynamische Erklärung der Kräfte. Mit welchem Rechte können wir versichern, daß alle Zusammenhänge der Natur durch lineare Differentialgleichungen erster Ordnung sich ausdrücken lassen? Diese Annahme ist für uns nicht eine nebensächliche, welche wir auch fallen lassen könnten; mit ihr fiele unsere Mechanik; denn es fragt sich, ob auf Verbindungen allgemeinster Art unser Grundgesetz anwendbar bliebe. Und doch sind Verbindungen allgemeinerer Art nicht nur vorstellbar, sie werden auch in der gewöhnlichen Mechanik ohne Bedenken zugelassen. Dort hindert uns nichts, die Bewegungen eines Punktes zu untersuchen, dessen Bahn der einzigen Beschränkung unterworfen ist, daß sie mit einer gegebenen Ebene einen gegebenen Winkel bilde oder daß ihr Krümmungshalbmesser beständig einer gegebenen anderen Länge proportional sei. Diese Bedingungen fallen schon nicht mehr unter diejenigen, welche unsere Mechanik zuläßt. Woher nehmen wir aber die Gewißheit, daß sie auch durch die Natur der Dinge ausgeschlossen seien? Wir können erwidern, daß man vergeblich versuche, diese und ähnliche Verbindungen durch ausführbare Mechanismen zu verwirklichen, und wir können uns in dieser Ansicht auf die gewaltige Autorität von Helmholtzs berufen. Aber in jedem Beispiel können Möglichkeiten übersehen worden sein, und noch so viele Beispiele würden nicht hinreichen, die allgemeine Behauptung zu erweisen. Mit mehr Recht können wir, wie mir scheint, als Grund unserer Überzeugung anführen, daß alle Verbindungen eines Systems, welche aus dem Rahmen unserer Mechanik heraustreten, in dem einen oder in dem andern Sinne eine unstetige Aneinanderreihung seiner möglichen Bewegungen bedeuten würden, daß es aber in der Tat eine Erfahrung allgemeinster Art sei, daß die Natur im Unendlichkleinen überall und in jedem Sinne Stetigkeit aufweise, eine Erfahrung, die sich in dem alten Satze „natura non facit saltus“ zu fester Überzeugung verdichtet hat. Ich habe deshalb auch im Texte Wert darauf gelegt, die zugelassenen Verbindungen allein durch ihre Stetigkeit zu definieren, und ihre Eigenschaft, sich durch Gleichungen bestimmter Form darstellen zu lassen, erst aus jener abzuleiten. Eigentliche Sicherheit wird indessen auch so nicht erlangt. Denn die Unbestimmtheit jenes alten Satzes läßt es zweifelhaft erscheinen, ob die Grenzen seiner berechtigten Tragweite hinreichend feststehen, und wieweit er überhaupt das Ergebnis wirklicher Erfahrung, wieweit das Ergebnis willkürlicher Voraussetzung ist. Am gewissenhaftesten wird es daher sein, zuzugeben, daß unsere Annahme über die zulässigen Verbindungen den Charakter einer versuchsweise angenommenen Hypothese trage. Ganz ähnlich liegen die Dinge in betreff der dynamischen Erklärung der Kräfte. Wir können allerdings zeigen, daß gewisse Klassen verborgener Bewegungen Kräfte erzeugen, welche, wie die Fernkräfte der Natur, sich mit beliebiger Annäherung als Ableitungen von Kräftefunktionen darstellen lassen. Es stellt sich auch heraus, daß die Formen dieser Kräftefunktionen sehr allgemeiner Natur sein können, und wir leiten in der Tat gar keine Einschränkungen derselben ab. Aber auf der anderen Seite bleiben wir auch den Beweis schuldig, daß sich jede beliebige Form der Kräftefunktionen erzielen läßt, und es bleibt daher die Frage offen, ob nicht etwa gerade eine der in der Natur vorkommenden Formen einer solchen Erklärungsweise sich entzieht. Es bleibt auch hier abzuwarten, ob die Zeit unsere Annahme widerlegen oder durch das Ausbleiben einer Widerlegung mehr und mehr wahrscheinlich machen wird. Ein gutes Vorzeichen können wir darin sehen, daß die Ansicht vieler ausgezeichneter Physiker sich der Hypothese immer mehr zuneigt. Ich erinnere nochmals an die Wirbeltheorie der Atome von Lord KELVIN, welche uns ein Bild des materiellen Weltganzen vorführt, wie es mit den Prinzipien unserer Mechanik in vollem Einklange ist. Und doch verlangt unsere Mechanik keineswegs eine so große Einfachheit und Beschränkung der Voraussetzungen, wie sie sich LORD KELVIN auferlegt hat. Wir würden unsere Grundsätze noch nicht verlassen, wenn wir annähmen, daß die Wirbel um starre oder um biegsame, aber unausdehnbare Kerne kreisten, und auch das welterfüllende Medium könnten wir anstatt der bloßen Inkompressibilität viel verwickelteren Bedingungen unterwerfen, deren allgemeinste Form noch zu untersuchen wäre. Es erscheint also keineswegs ausgeschlossen, daß wir mit den von unserer Mechanik zugelassenen Hypothesen zur Erklärung der Erscheinungen auch ausreichen.

Einen Vorbehalt müssen wir indessen hier einschalten. Es ist gewiß eine gerechtfertigte Vorsicht, wenn wir im Texte das Gebiet unserer Mechanik ausdrücklich beschränken auf die unbelebte Natur und die Frage vollkommen offen lassen, wie weit sich ihre Gesetze darüber hinaus erstrecken. In Wahrheit liegt die Sache ja so, daß wir weder behaupten können, daß die inneren Vorgänge der Lebewesen denselben Gesetzen folgen, wie die Bewegungen der leblosen Körper, noch auch behaupten können, daß sie anderen Gesetzen folgen. Der Anschein aber und die gewöhnliche Meinung spricht für einen grundsätzlichen Unterschied. Und dasselbe Gefühl, welches uns antreibt, aus der Mechanik der leblosen Welt jede Andeutung einer Absicht, einer Empfindung, der Lust und des Schmerzes, als fremdartig auszuscheiden, dasselbe Gefühl läßt uns Bedenken tragen, unser Bild der belebten Welt dieser reicheren und bunteren Vorstellungen zu berauben. Unser Grundgesetz, vielleicht ausreichend die Bewegung der toten Materie darzustellen, erscheint wenigstens der flüchtigen Schätzung zu einfach und zu beschränkt, um die Mannigfaltigkeit selbst des niedrigsten Lebensvorganges wiederzugeben. Daß dem so ist, scheint mir nicht ein Nachteil, sondern eher ein Vorzug unseres Gesetzes. Eben weil es uns gestattet, das Ganze der Mechanik umfassend zu überblicken, zeigt es uns auch die Grenzen dieses Ganzen. Eben weil es uns nur eine Tatsache gibt, ohne derselben den Schein der Notwendigkeit beizulegen, läßt es uns erkennen, daß alles auch anders sein könnte. Vielleicht wird man solche Erörterungen an dieser Stelle für überflüsig halten. In der Tat ist man auch nicht gewöhnt, sie in der gewöhnlichen Darstellung der Mechanik bei den Elementen behandelt zu sehen. Aber dort gewährt die völlige Unbestimmtheit der eingeführten Kräfte noch einen weiten Spielraum. Man behält sich stillschweigend vor, später etwa einen Gegensatz zwischen den Kräften der belebten und der unbelebten Natur festzustellen. In unserer Darstellung ist das betrachtete Bild von vornherein so scharf umrissen, daß sich nachträglich kaum mehr tief eingreifende Einteilungen werden vornehmen lassen. Wollen wir daher die aufgeworfene Frage nicht überhaupt ignorieren, so müssen wir gleich im Eingang Stellung zu derselben nehmen.

Über die Zweckmäßigkeit unseres dritten Bildes können wir uns ziemlich kurz fassen. Wir können aussagen, daß dieselbe, wie der Inhalt des Buches zeigen soll, nach Deutlichkeit und Einfachheit etwa derjenigen gleichkommt, welche wir dem zweiten Bilde zusprachen, und daß wir dieselben Vorzüge, welche wir dort rühmten, auch hier hervorheben können. Allerdings ist der Umkreis der zugelassenen Möglichkeiten hier nicht ganz so eng gezogen wie dort, da diejenigen starren Verbindungen, deren Fehlen wir dort hervorhoben, hier durch die Grundannahmen nicht ausgeschlossen sind. Aber diese Erweiterung entspricht der Natur und ist daher ein Vorzug; auch hindert sie nicht, die allgemeinen Eigenschaften der natürlichen Kräfte herzuleiten, in welchen die Bedeutung des zweiten Bildes lag. Einfachheit besteht hier wie dort zunächst im Sinne der physikalischen Anwendung. Auch hier können wir unsere Betrachtung auf beliebige der Beobachtung zugängliche Merkmale der materiellen Systeme beschränken, und aus ihren vergangenen Veränderungen durch Anwendung des Grundgesetzes die zukünftigen ableiten, ohne daß wir nötig hätten, die Lagen aller Einzelmassen des Systems zu kennen, und ohne daß wir nötig hätten, diese Unkenntnis durch willkürliche, einflußlose und wahrscheinlich falsche Hypothesen zu überdecken und zu bemänteln. Im Gegensatz zum zweiten Bilde besitzt aber unser drittes Einfachheit auch in dem Sinne, daß sich seine Vorstellungen der Natur so anschmiegen, daß die wesentlichen Beziehungen der Natur durch einfache Beziehungen zwischen den Begriffen wiedergegeben werden. Das zeigt sich nicht nur im Grundgesetze selbst, sondern auch in den zahlreichen allgemeinen Folgerungen desselben, welche den sogenannten Prinzipien der Mechanik entsprechen. Es muß allerdings zugegeben werden, daß diese Einfachheit nur eintritt, so lange wir es mit vollständig bekannten Systemen zu tun haben, und daß sie wieder verschwindet, sobald verborgene Massen sich einmischen. Aber in diesen Fällen liegt dann auch der Grund der Verwickelung klar auf der Hand; wir verstehen, daß der Verlust der Einfachheit nicht in der Natur, sondern in unserer mangelhaften Kenntnis derselben beruht; wir begreifen, daß die eintretenden Komplikationen nicht allein eine mögliche, sondern die notwendige Folge unserer besonderen Voraussetzungen sind. Auch das muß zugegeben werden, daß die Mitwirkung verborgener Massen, welche vom Standpunkte unserer Mechanik aus der entlegene und besondere Fall ist, daß diese Mitwirkung gerade der gewöhnliche Fall der Probleme des täglichen Lebens und der Technik ist. Daher ist es auch nützlich, hier nochmals zu betonen, daß wir von einer Zweckmäßigkeit überhaupt nur geredet haben in einem besonderen Sinne, nämlich im Sinne eines Geistes, welcher ohne Rücksicht auf die zufällige Stellung des Menschen in der Natur das Ganze unserer physikalischen Erkenntnis objektiv zu umfassen und in einfacher Weise darzustellen sucht; daß wir aber keineswegs redeten von einer Zweckmäßigkeit im Sinne der praktischen Anwendung und der Bedürfnisse des Menschen. In betreff dieser letzteren kann die für sie ausdrücklich erdachte gewöhnliche Darstellung der Mechanik wohl niemals durch eine zweckmäßigere ersetzt werden. Zu dieser Darstellung verhält sich die von uns hier vorgeführte etwa wie die systematische Grammatik einer Sprache zu einer Grammatik, welche den Lernenden möglichst bald erlauben soll, sich über die Notwendigkeiten des täglichen Lebens zu verständigen. Man weiß, wie verschieden die Anforderungen an beide sind und wie verschieden ihre Anordnungen ausfallen müssen, wenn beide ihrem Zweck so genau wie möglich entsprechen sollen.

Blicken wir zum Schlusse noch einmal zurück auf die drei Bilder der Mechanik, welche wir vorgeführt haben, und suchen wir einen letzten und endgültigen Vergleich zwischen ihnen anzustellen. Das zweite Bild lassen wir nach dem, was wir gesagt haben, fallen. Das erste und dritte Bild wollen wir gleichstellen in bezug auf die Zulässigkeit, indem wir annehmen, daß dem ersten Bilde eine in logischer Hinsicht vollständig befriedigende Gestalt gegeben sei, wie wir angenommen haben, daß sie gegeben werden könne. Wir wollen beide Bilder auch gleichstellen in bezug auf die Zweckmäßigkeit, indem wir annehmen, daß man das erste Bild durch geeignete Zusätze ergänzt habe, und indem wir annehmen, daß die nach verschiedener Richtung gehenden Vorzüge einander das Gleichgewicht halten. Dann bleibt als einziger Wertmaßstab die Richtigkeit der Bilder, welche durch die Gewalt der Dinge bestimmt ist und welche nicht in unserer Willkür liegt. Und hier machen wir nun die wichtige Bemerkung, daß nur das eine oder das andere jener Bilder, nicht aber beide gleichzeitig richtig sein können. Denn suchen wir die wesentlichen Beziehungen beider Darstellungen auf ihren kürzesten Ausdruck zu bringen, so können wir sagen: Das erste Bild nehme als letzte konstante Elemente in der Natur die relativen Beschleunigungen der Massen gegeneinander an, aus diesen leite sie gelegentlich angenähert, aber auch nur angenähert, feste Verhältnisse zwischen den Lagen ab. Das dritte Bild aber nehme als die streng veränderlichen Elemente der Natur feste Verhältnisse zwischen den Lagen an, aus diesen leite sie, wo die Erscheinungen es erfordern, angenähert, aber auch nur angenähert, unveränderliche relative Beschleunigungen zwischen den Massen her. Könnten wir nun die Bewegungen der Natur nur genau genug erkennen, so wüßten wir sogleich, ob in ihnen die relative Beschleunigung oder ob die relativen Lagenverhältnisse der Massen oder ob beide nur angenähert unveränderlich sind. Wir wüßten dann auch sogleich, welche von unseren beiden Annahmen falsch ist oder ob beide falsch sind, denn richtig können nicht beide gleichzeitig sein. Die größte Einfachheit steht auf seiten des dritten Bildes. Was uns zwingt, gleichwohl zunächst zugunsten des ersten zu entscheiden, ist der Umstand, daß wir wirklich in den Fernkräften relative Beschleunigungen aufweisen können, welche bis an die Grenze unserer Beobachtung unveränderlich scheinen, während alle festen Verbindungen zwischen den Lagen der greifbaren Körper schon innerhalb der Wahrnehmung unserer Sinne sich schnell nur angenähert als konstant erweisen. Aber dies Verhältnis ändert sich zugunsten des dritten Bildes, sobald die verfeinerte Erkenntnis uns etwa zeigt, daß die Annahme unveränderlicher Fernkräfte nur eine erste Annäherung an die Wahrheit liefert, welcher Fall in dem Gebiete der elektrischen und magnetischen Kräfte bereits eingetreten ist. Und die Waage schlägt vollends über zugunsten des dritten Bildes, sobald eine zweite Annäherung an die Wahrheit dadurch erzielt werden kann, daß man die vermeintliche Wirkung der Fernkräfte zurückführt auf Bewegungsvorgänge in einem raumerfüllenden Mittel, dessen kleinste Teile starren Verbindungen unterliegen, ein Fall, der gleichfalls in dem erwähnten Gebiete nahezu verwirklicht erscheint. Hier also liegt das Feld, auf welchem auch der Entscheidungskampf zwischen den verschiedenen von uns betrachteten Grundannahmen der Mechanik ausgefochten werden muß. Die Entscheidung selbst aber setzt voraus, daß vorher die vorhandenen Möglichkeiten nach allen Richtungen hin gründlich erwogen seien. Sie nach einer besonderen Richtung zu entwickeln, ist der Zweck der vorliegenden Arbeit. Diese Arbeit ist also notwendig gewesen, auch wenn es noch lange dauern sollte, bis eine Entscheidung möglich ist, und auch dann, wenn diese Entscheidung schließlich zu ungunsten des hier ausführlich entwickelten Bildes ausfallen sollte.

Nachbemerkungen

von R. ROMPE und H.-J. TREDER

Die meisten Probleme, an denen Physiker arbeiten, sind komplex, und oft gilt fast D. HILBERTS Wort, „daß die Physik zu schwierig für die Physiker" sei.

Es ist nicht nur für den Forscher, dessen Kreativität zweifellos von Erfolgserlebnissen gefördert wird, sondern auch für die Gesellschaft, die die wissenschaftliche Forschung ermöglicht und verlangt, sinnvoll, wenn die Auswahl der Forschungsthemen — außer der wissenschaftlichen Aktualität und dem gesellschaftlichen Nutzen — auch den Erfolgsaussichten Rechnung trägt.

Im folgenden haben wir versucht, einige einfache Kriterien zur Diskussion zu stellen, die hierbei helfen könnten. Sie gehen vor allem zurück auf die Lektüre der in diesem Bändchen zusammengestellten Texte von H. v. HELMHOLTZ und H. HERTZ sowie die Interpretationen und Anmerkungen zu diesen Texten durch andere große Physiker, insbesondere auf die Ausführungen von M. PLANCK hierzu.

I.

Im Jahre 1909 hielt M. PLANCK an der Columbia University of New York eine Vorlesungsreihe, die der Darstellung des „gegenwärtigen Standes des Systems der theoretischen Physik" gewidmet war. In diesen Vorlesungen sowie in seinem Leidener Vortrag vom gleichen Jahr sind bemerkenswerte Aussagen über die von ihm erwartete Entwicklung der Physik enthalten.

Damals stand die Physik tatsächlich vor einer neuen Etappe ihrer Entwicklung. Damals waren die Erkenntnisse der Atom- und Molekülspektroskopie das Fenster in eine neue Welt voller Rätsel.

Das Kombinationsprinzip von W. RITZ und die BALMER-Formeln wiesen darauf hin, daß ganzzahlige Größen, Quantenzahlen, eine überraschende Rolle in der Natur der Atome spielen. Die Entdeckungen von PLANCK und EINSTEIN über die grundlegende Funktion des Wirkungsquantums h standen noch unvereinbar daneben. (Die Arbeiten von N. BOHR waren noch nicht geschrieben.)

Und wie ist es heute? Haben wir nicht ein neues, gewaltiges „spektroskopisches" Material vor uns, wobei der Begriff Spektroskopie unter Einbeziehung von Relativitäts- und Quantenphysik nicht nur auf die Emission elektromagnetischer Quanten, sondern auf alle Quanten zu erstrecken ist. Der alte Weg von 1910 war außerordentlich ertragreich. Der neue scheint es auch zu werden. In seiner Weiterverfolgung hat es tiefe Einblicke in die Natur der Elementarteilchen gegeben, auf die die Autoren mit Recht stolz sind.

Aber dies ist doch nichts weiter als die Fortführung des bewährten, durch NEWTON angebahnten Weges, von dem A. EINSTEIN sagte: „Es ist der einzige, der begehbar ist". Zeichnet sich noch immer nicht ein weiterer Zugang zur Erfassung der Wirklichkeit ab? Oder bleibt nach wie vor die geniale Schau NEWTONS das Maximum des für uns Erfaßbaren?

PLANCK begann mit der Frage: Was liegt der (theoretischen) Physik zugrunde? Welches ist das Material, mit dem sie operiert? Es gibt — wie er sagte „glücklicherweise" — eine Antwort auf diese Frage: Das *Material sind Messungen*, das *Werkzeug*, mit dem dieses Material bearbeitet wird, ist die *Mathematik*. (Dies war auch der Standpunkt von HELMHOLTZ in seiner „Einleitung" und in seinem Aufsatz über „Zählen und Messen".) Damit ist PLANCKS Position klar: Die Physik gibt Auskunft über einen Teil der Wirklichkeit, der durch quantifizierbare Messungen der mathematischen Behandlung zugänglich ist. Die zentrale Rolle des zu quantifizierten Angaben führenden Meßprozesses und der mathematischen Formulierung wird an den Anfang gestellt.

PLANCK entwickelte dann seinen Gedanken weiter: Die zahlreichen, früher voneinander unabhängigen Gebiete der Physik erscheinen auf zwei reduzierbar:

> *Mechanik* — als Physik der Materie, verbunden mit dem Namen NEWTON,
> *Elektrodynamik* — als Physik des Äthers, verbunden mit dem Namen MAXWELL.

Er fragt, ob diese Unterscheidung endgültig bleiben würde, und verneint diese Frage.

Mechanik und Elektrodynamik stehen sich nicht ausschließend gegenüber: „Die Mechanik bedarf zu ihrer Begründung prinzipiell nur den Begriff des Raumes, der Zeit und dessen, was sich bewegt, mag man es Substanz oder Zustand bezeichnen“. Die Elektrodynamik kommt aber mit den gleichen Begriffen aus. Damit bleibt sie im Rahmen der NEWTONschen Gedanken: „Wenn also der Gegensatz zwischen Äther und Materie einmal überbrückt ist, welcher Gesichtspunkt wird dann in endgültiger Weise der Einteilung des Systems der Physik zugrunde gelegt werden? ... Diese Frage ist die wichtigste unter allen, die heute zu behandeln wären“. PLANCK beantwortet diese Frage dahin, daß die bleibende Einteilung der Vorgänge die in *reversible* und *irreversible* sein wird. Alle reversiblen Prozesse, ob sie in der Materie oder im Äther verlaufen, haben untereinander größere (formale) Ähnlichkeit als mit irgendeinem irreversiblen Vorgang. Die formelle Betrachtung der Differentialgleichungen reversibler Prozesse zeigt die Zeitdifferenz in gerader Potenz, so daß die Zeitrichtung auch umgekehrt werden kann.

Die reversiblen Prozesse haben, wie HELMHOLTZ gezeigt hat, die Eigenschaft, daß sie durch das Prinzip der kleinsten Wirkung dargestellt werden können. Diesen großen formalen Vorteilen der reversiblen Prozesse steht als Nachteil gegenüber, „*daß sie samt und sonders nur ideal sind*: In der wirklichen Natur gibt es keinen einzigen reversiblen Prozeß, da jeder natürliche Vorgang mehr oder weniger mit Reibung und Wärmeleitung verknüpft ist“.

Das Prinzip der keinsten Wirkung ist im Bereich irreversibler Prozesse nicht mehr ausreichend. Das *Prinzip der Vermehrung der Entropie* bringt in das System der Physik ein ganz neues, dem Wirkungsprinzip an sich fremdes Element, das auch eine besondere mathematische Behandlung erfordert. Ihm entspringt der einseitige Verlauf der Vorgänge, die Erreichung eines festen Endzustandes.

„Der Gegensatz zwischen reversiblen und irreversiblen Prozessen ist viel tieferliegend als zwischen mechanischen und elektrischen Vorgängen.“ Die Irreversibilität, die wir überall beobachten, führt mit Notwendigkeit zur Atomistik, sowohl was die substantielle Materie als auch was den Äther betrifft. Sie ist ein Ausweis für das Walten von Wahrscheinlichkeitsgesetzen in der Natur, die an eine atomistische Struktur der Materie gebunden sind und die neben die Grundgesetze, die für Mechanik und Elektrodynamik zuständig sind, treten.

Die nachfolgende Entwicklung der Physik ging aber nicht den von M. PLANCK als aussichtsreich angesehenen Weg: Es begann die weitgehend autonome Entwicklung der relativistischen Physik und der Quantenphysik, beide zurückgehend vor allen Dingen auf zwei Arbeiten von A. EINSTEIN im Jahre 1905. Es ergaben sich derartig spektakuläre neue Erkenntnisse, daß begreiflicherweise die Physiker für mehrere Dezennien damit beschäftigt waren, diese unerwartet reiche Ernte einzubringen.

II.

Aus den Darlegungen von HELMHOLTZ, HERTZ und PLANCK über Stellung und Aufgaben der theoretischen Physik möchten wir folgende Punkte besonders hervorheben, die unseres Erachtens die Physik heute — am Ende des 20. Jahrhunderts — betreffen.

1. Um die Vorteile der exakten Begriffe der Physik zur Geltung bringen zu können, muß es sich um Vorgänge handeln, die willkürlich reproduzierbar sind, oder, bei Abläufen in der Natur, solche, die bei gegebenen Startsituationen immer gleiche Effekte zeigen (das ist es, was das Wesen der exakten Induktion ausmacht).

Sicherheit haben wir nur bei der theoretischen Beherrschung von Vorgängen, die wir selbst machen können. Einmalige Erscheinungen und Abläufe, die wir durch Eingriffe nicht beeinflussen können, kann man mit W. PAULI von vornherein als „stochastisch" und keiner detaillierten Erklärung bedürftig ansehen. (Sie sind gemäß J. STEFANS Bemerkung zu L. BOLTZMANN „Schmutzeffekte", von denen der Physiker „zu abstrahieren pflegt".)

Eine deskriptive Beschreibung unter Verwendung unserer Alltagssprache, angereichert durch die Kenntnisse der klassischen Physik und der Grundlagen der relativistischen und Quantenphysik, gibt es selbstverständlich auch für solche, hat aber nicht denselben Grad der Sicherheit.

2. Meßgeräte wirken im allgemeinen auf den zu messenden Vorgang ein; sie haben eine, meist absichtlich sehr kleine, Rückwirkung. Diese kann von der atomistischen Struktur herrühren (Schwankungserscheinungen) oder mit den grundlegenden Kom-

plementaritätsbeziehungen der Quantenphysik zusammenhängen. Aber diese nicht vermeidbaren Rückwirkungen sind ein Ansatzpunkt zur Beeinflussung des Vorganges und liefern damit einen Zugang zu einer technologischen Nutzung. Die *Meßmittel*, die quantifizierte Angaben liefern, ermöglichen somit gleichzeitig die *Anwendung der Mathematik* und die *Nutzung in der Technologie*.

Nur die Astronomie hat es grundsätzlich mit völlig rückwirkungsfreien Meßoperationen zu tun. Deshalb war sie auch das primäre Anwendungsgebiet der klassischen Mechanik (in der Himmelsmechanik seit NEWTON und EULER über LAGRANGE, LAPLACE und JACOBI bis zu POINCARÉ), bei der GALILEIS und NEWTONS Prinzipien jede Rückwirkung der Messungen auf das Objekt der Messungen als vernachlässigbar voraussetzen.

3. Die Meßgeräte funktionieren nach den Gesetzen der klassischen Physik. Die Meßoperationen und ihre quantifizierten Resultate müssen (dies ist der Kernpunkt für die Deutung der Quantenmechanik gemäß BOHR, HEISENBERG und PAULI) in den Begriffen der klassischen Physik beschrieben werden, um überhaupt eine verständliche Bedeutung zu haben.

Die klassische Physik ist offenbar mit unserer Alltagssprache und dem sprachlich ausformulierbaren Denken entwicklungsgeschichtlich verbunden, so daß die von HERTZ bemerkten „gewissen Übereinstimmungen" zwischen „der Natur und unserem Geist" vorhanden sind. Insofern sind NEWTONS Prinzipien der Mechanik und EUKLIDS Axiome der Geometrie „Wahrheiten a priori" im Sinne von HELMHOLTZ' Rezeption der „Transzendentalen Aesthetik" KANTS. BOHR, HEISENBERG und PAULI betonen, daß die Meßoperationen zur Gewinnung oder Nachprüfung von Aussagen über mikroskopische Effekte und Strukturen dieselbe Realität besitzen wie die Gegenstände der klassischen Physik.

4. Um aber die mikrophysikalischen Ereignisse und Zusammenhänge „vollständig und eindeutig" (gemäß G. R. KIRCHHOFF und H. HERTZ) beschreiben zu können, bedarf es einer Erweiterung des makrophysikalischen (alltäglichen) Realitätsbegriffes, der Einführung von Strukturen „hinter" der uns unmittelbar gegebenen Welt. Hierauf weist H. HERTZ in der Einleitung zu seiner Mechanik unter Berufung auf die Atomistik hin. Gemäß HERTZ erreicht die physikalische Theoriebildung „Eindeutigkeit und Vollständigkeit ihrer Aussagen" nur auf Grund einer „Erweiterung der Realität". Dies gilt aber nicht nur im Bereich der Quantenphänomene, sondern bereits in der klassischen Mechanik

des Vielteilchenproblems, die im allgemeinen genauso wie die SCHRÖDINGER-Gleichungen der Quantenmechanik „in abstrakten“ vieldimensionalen Mannigfaltigkeiten (Konfigurationsraum) von LAGRANGE bis HELMHOLTZ zu formulieren sind, wie H. HERTZ gezeigt hat.

Die Einwände von L. BOLTZMANN gegen die HERTZsche Konzeption einer Mechanik im $3N$-dimensionalen Konfigurationsraum besagen, daß diesen Räumen keine physikalische Realität zukommen kann. Hieraus zog BOLTZMANN dann weitreichende Schlüsse über die möglichen Formen der Wechselbeziehungen zwischen den Partikeln in der Mikrophysik. BOLTZMANN zeigte, daß nur dann eine „eindeutige und vollständige“ Beschreibung der Bewegungsgesetze der Atome im dreidimensionalen Raum möglich ist, wenn ganze Klassen von „Bindungen“ zwischen den Partikeln, die HERTZ zugelassen hat, ausgeschlossen werden. HERTZ hielt dies aber für eine unzulässige Einschränkung der „virtuellen Welten“.

Genauso argumentierten später M. PLANCK gegenüber E. SCHRÖDINGER[1]) und dann A. EINSTEIN gegenüber N. BOHR, daß eine „eindeutige und vollständige Determinierung“ eines mikrophysikalischen N-Teilchen-Systems in der (relativistischen) Raum-Zeit-Welt diejenigen in der Quantenmechanik aus der Komplementarität von Wellen und Korpuskel folgenden Korrelationen ausschließt, die sich als „Interferenzen von Materie-Wellen“ im $3\,N$-dimensionalen Konfigurationsraum der SCHRÖDINGERschen Wellengleichung ergeben: BOHR hingegen hielt eine derartige Erweiterung des Realitätsbegriffes für möglich und notwendig.

Die Auffassungen von BOLTZMANN, PLANCK und EINSTEIN einerseits und von HERTZ, SCHRÖDINGER und BOHR andererseits über „physikalische Realität“ und über die „Eindeutigkeit und Vollständigkeit“ ihrer Beschreibung sind ihrerseits wiederum komplementär zueinander. — Die Einschränkung des Realitätsbegriffes auf das raum-zeitliche Geschehen führt zu der von EINSTEIN konstatierten „Unvollständigkeit“ der Quantenmechanik. Eine „eindeutige und vollständige Beschreibung“ der Bewegungen und Strukturen, die Gegenstand der Physik sind, verlangt dagegen, daß den mikrophysikalischen Partikeln und Ereignissen

[1]) Siehe E. SCHRÖDINGER, Antrittsrede; M. PLANCK, Erwiderung (1929) in: „Physiker über Physiker“, Bd. II, Akademie-Verlag, Berlin 1979 (ed. C. KIRSTEN und H.-G. KÖRBER).

eine andere Art von Realität zugeschrieben wird als den makrophysikalischen Meßgeräten, mit denen sie im dreidimensionalen Raum registriert werden. EINSTEINS Kritik an der Quantenmechanik beruht darauf, daß er einen „engeren Realitätsbegriff" (W. PAULI) als BOHR hatte.

5. Verschiedene Meßgeräte liefern im allgemeinen unterschiedliche Aspekte des gesetzmäßigen Geschehens. Sie sind nicht immer aneinander anschließbar und aufeinander reduzierbar. Häufig existieren zwischen ihren Angaben Komplementaritätsbeziehungen nach N. BOHR. Das gilt wiederum nicht nur bei Quantenphänomenen (wie die Komplementarität bei der Messung von Ort und Impuls, die von W. HEISENBERG zuerst gefunden wurde), sondern auch in der klassischen Physik zwischen der Dynamik der Atombewegung in einem Gas und den Anzeigen thermodynamischer Meßgeräte, wie für Druck und Temperatur, was zuerst von L. BOLTZMANN und dann allgemein von N. BOHR bemerkt wurde.

6. Der große Gewinn an Sicherheit und unzweideutiger Wiedergebbarkeit, den die Anwendung der Mathematik liefert, wird bezahlt durch Einbuße an qualitativer Aussagefähigkeit. Die Temperaturangabe eines Pyrometers liefert zwar eine zahlnemäßige Temperaturangabe in einem Punkt, aber nicht das Verhalten des glühenden Körpers im ganzen, aus dem ein erfahrener Technologe weitgehende Rückschlüsse ziehen kann. So kommt es, daß die physikalische, durch Messungen und Mathematisierung präzisierte Aussage in anderen Bereichen ärmer ist als die mit „Alltagsmitteln" gewonnene Aussage, und das führt dazu, daß die physikalisch konsolidierten Begriffe präziser, aber aussageärmer sind als die intuitiv-empirisch in der Alltagssprache ausgedrückten der technologischen Erfahrung.

7. Den Inhalt einer physikalischen Theorie zu verstehen (z. B. die Relativitätstheorie oder die Quantenmechanik) heißt, sich die makroskopischen Konsequenzen dieser Theorien in der Sprache und mit den Begriffen der klassischen Physik klar zu machen. Dies führt z. T. auf wirkliche Experimente von „hohem Erlebnisinhalt" (EINSTEIN), wie z. B. zur Aufzeigung von „makroskopischen Quanteneffekten" oder — nach dem Vorbild von EINSTEIN, BOHR und HEISENBERG — zu Gedankenexperimenten, welche mit den Begriffsbildungen von GALILEI und NEWTON den Inhalt der Relativitätstheorie oder der Quantenmechanik darstellen. Wir verweisen beispielsweise auf die Diskussionen zwischen A. EINSTEIN, W. NERNST und M. PLANCK 1924/25 anläßlich EINSTEINS Akademie-Vorträgen über die Quantenstatistik (BOSE-

EINSTEIN-Statistik). EINSTEIN erörterte u. a. Grundfragen der Speziellen und der Allgemeinen Relativitätstheorie durch den Bezug auf HELMHOLTZ' physikalische Interpretation der euklidischen und nicht-euklidischen Geometrie und an Hand von dessen Bemerkungen über die Verwendbarkeit „starrer Meßkörper". Die Allgemeine Relativitätstheorie mit ihrer RIEMANNschen Geometrie bedeutet nach EINSTEIN die Ersetzung der „starren Meßkörper" bei HELMHOLTZ durch EINSTEINS „Bezugsmollusken".

In der klassischen Mechanik und der Quantenmechanik gelten dieselben NEWTONschen Bewegungsaxiome. Aber GALILEIS und NEWTONS, von HELMHOLTZ dargestellte, Theorie des Messens impliziert, daß unter Zugrundelegung der Bewegungsgleichungen selbst die Meßwerte der (kanonischen) Parameter (z. B. der instanen Orte und Geschwindigkeiten) durch ständige Wiederholung der Meßoperationen beliebig scharf bestimmt werden können, daß also grundsätzlich von der Rückwirkung der Meßoperation auf das Objekt abgesehen werden kann. (Dies entspricht mathematisch der infinitesimalen Zelle $dx \cdot dp$ des Phasenraums.) Die Quantenmechanik fußt dagegen auf PLANCKS „Quantlung des Phasenraums" mit Elementarzellen $\Delta x \cdot \Delta p = h$. Dies führt zu einer oberen Grenze für die Meßgenauigkeit an einem Objekt, zu HEISENBERGS Unschärferelation $\Delta x \Delta p \geqq h$.

Über die durch $\Delta x \cdot \Delta \dot{x} \geqq \frac{h}{M}$ gegebenen Meßgrenzen hinaus können durch noch so zahlreiche Messungen wegen der Rückwirkung des Meßprozesses die Genauigkeiten der „Ephemiriden" eines Körpers (der Masse M) nicht mehr gesteigert werden.

Klassische Mechanik und Quantenmechanik werden durch kanonische Bewegungsgleichungen vom NEWTONschen Typ beschrieben. Aber in der klassischen Mechanik beziehen sich diese Gleichungen, wie bei HELMHOLTZ und HERTZ erörtert, auf gewöhnliche reelle Zahlen. Die Rückwirkung der Meßoperationen entsprechend der HEISENBERGschen Unschärferelation verlangt die Ersetzung der reellen Zahlen durch allgemeine Zahlen, den nicht kommutierenden q-Zahlen DIRACS, die entweder durch die BORN-HEISENBERGschen Matrizen oder durch die SCHRÖDINGERschen Operatoren dargestellt werden. Die Quantenmechanik ersetzt die von HELMHOLTZ beschriebene elementare Algebra der klassischen Physik durch eine Algebra allgemeiner Zahlen (und erweitert so den Realitätsbegriff). Aber diese Erweiterung hatte schon HELMHOLTZ als möglich erkannt, indem er in seiner Studie über „Messen und Zählen“ die allgemeine Algebra H. GRASSMANNS mit der Physik der Meßoperationen verband. HELMHOLTZ wies darauf hin, daß die Physik es nicht nur mit kommutativen algebraischen Strukturen zu tun hat, sondern er zeigte, daß sich die physikalischen Größen auch nicht kommutativ verhalten können. Die HELMHOLTZsche Kinematik der Drehbewegungen führt dies explizit vor.

Ein allgemeiner Ansatz für die Darstellung der Drehbewegungen mit Hilfe nicht-kommutativer Algebren sind die bei HELMHOLTZ erwähnten Quaterionen von W. R. HAMILTON, die dieser als Quotienten „gerichteter Größen“ (Vectoren) eingeführt hatte. DIRACS „q-Zahlen“ weisen direkt auf HAMILTONS Quaterionen hin. Die Algebren, welche die Super-Symmetrien in den heutigen unifizierten Quantenfeldtheorien darstellen, zeigen die prinzipielle Bedeutung dieser Erweiterung des Begriffes ‚physikalische Größe‘ durch HAMILTON, GRASSMANN, HELMHOLTZ und LIE.

8. Wie H. v. HELMHOLTZ, H. HERTZ und M. PLANCK ausführten, ist entsprechend den Prinzipien der Physik seit NEWTON eine „große“ physikalische Theorie (zuerst die Klassische Mechanik) die intensionale Interpretation eines widerspruchsfreien und „genügend vollständigen“ Systems von mathematischen Definitionen und Axiomen. Allerdings lassen sich in jedem genügend inhaltsreichen Axiomen-System in dessen Sprache legitime Fragen formulieren, die mit den Mitteln der Theorie nicht „more geometrico“ entscheidbar sind. Die Behandlung dieser Fragen verlangt dann zunächst den Rückgriff auf die allgemeine „Umgangssprache“.

Die inhaltliche Interpretation „more physico“ erfolgt seit GALILEI und NEWTON durch die von HELMHOLTZ analysierte Verbindung der Definitionen mit Meßvorschriften. Dabei haben — gemäß EINSTEINS Bemerkung gegenüber HEISENBERG — aber auch die Begriffe der „Meßbarkeit“ und der „Verifizierbarkeit“ bzw. „Falsifizierbarkeit“ in bezug auf das ganze Axiomensystem einen Sinn (HERTZ zeigt dies bei seiner Darstellung der verschiedenen Bilder“ der Klassischen Mechanik). Umgekehrt ist die von HERTZ angesprochene „Richtigkeit“ der Bilder, die Frage nach physikalischen Strukturen, die das reale Modell für die mathematische Theorie sind, wenn deren Begriffen bestimmte Meßvorschriften zugeordnet werden und diese Meßoperationen ausführbar sind.

Die Ausführbarkeit der Meßoperationen und ihre Substituierbarkeit durch andere gehören zu demjenigen „protophysikalischen" Problem, das HELMHOLTZ grundlegend untersucht hat. So zeigte HELMHOLTZ, daß die Verwendbarkeit starrer Meßkörper an die Konstanz der Raumkrümmung gebunden ist. Daher sind in EINSTEINS Allgemeiner Relativitätstheorie die HELMHOLTZschen Meßoperationen nicht mehr allgemein ausführbar, und es fallen auch „Körpergeometrie" und „Lichtgeometrie" des dreidimensionalen Raumes auseinander.

HERTZ führte aus, daß es aber viel mehr „denkmögliche Bilder von der Welt" gibt, als in der Natur realisierbar sein könnten. Letztere bilden die Mannigfaltigkeit der mit den Meßoperationen verträglichen „virtuellen Welten". Die „wirkliche Welt" ist eindeutig ausgezeichnet. Ihre Auswahl aus den virtuellen Welten soll nach HELMHOLTZ, HERTZ und PLANCK durch ein Integralprinzip erfolgen; entweder durch das „Prinzip der kleinsten Wirkung" von LEIBNIZ, MAUPERTUIS, EULER, LAGRANGE und HAMILTON oder durch HERTZ' „Prinzip der geradesten Bahn" (im abstrakten Konfigurationsraum). HELMHOLTZ' großes Argument (in seiner Einleitung zur theoretischen Physik) für die Stetigkeit der Bewegungen in der Zeit, daß Unstetigkeiten der Teilchenbahnen mit der Erhaltung der Materie, d. h. deren Kontinuität im Sinne von HELMHOLTZ, nicht verträglich sind, kehrt sich in der relativistischen Interpretation der Erhaltungssätze um. Genau so wie HELMHOLTZ, KIRCHHOFF und dann LIE die Erhaltung von Impuls und Drehimpuls in der Dynamik aus der Homogenität und Isotropie des Raumes ableiteten, so entspricht nach der Relativitätstheorie die Erhaltung der Energie und Masse der Homogenität der Zeit. Die Massenerhaltung bei HELMHOLTZ' Begründung der „Stetigkeit des Zeitflusses" ist so gerade die Folge dieser Stetigkeit.

9. Der entscheidende Punkt, der die klassische Physik, im Sinne von HELMHOLTZ' Darstellung ihrer Meßvorschriften und ihrer Hypothesen über Raum und Zeit, von der Atomistik, der Quantenmechanik und der Relativitätstheorie unterscheidet, ist — gemäß PLANCK — die Unmöglichkeit von „Ähnlichkeitstransformationen" in der neuen Physik. Dagegen sind Gedankenexperimente mit Maßstabsveränderungen ein wesentlicher Punkt der Argumentation bei HELMHOLTZ. Es gibt bereits in den nichteuklidischen Geometrien von Räumen konstanter Krümmung, die HELMHOLTZ untersuchte, keine nicht-kongruenten, aber ähnlichen Dreiecke mehr; das „Krümmungsmaß des Raumes" definiert eine absolute kosmische Längeneinheit. Desgleichen verbietet auch die Atomistik (der HELMHOLTZ deswegen z. T. kritisch

gegenüberstand) die beliebige Verkleinerung der denkbaren Körper. Die von HELMHOLTZ und PLANCK zum Ausgangspunkt der Formulierung physikalischer Theorie gewählten Wirkungsintegrale werden durch PLANCKS Wirkungsquantum h zu absoluten Größen. PLANCK zeigte auch, daß die thermodynamische Entropie gemäß Quantentheorie absolute Werte annimmt und dies die tiefere Bedeutung des NERNSTschen Wärmetheorems ist.

EINSTEINS Prinzip der Konstanz der Lichtgeschwindigkeit c ergibt die berühmte Äquivalenz von Energie E und Masse M: $E = Mc^2$, von der PLANCK (1906) bemerkte, daß sie eine absolute Eichung der Energiekonstante impliziert.

Der Übergang von der ohne universelle Konstanten aufgebauten klassischen Physik (einschließlich ihrer euklidischen Geometrie) zur Atomistik, Relativitätstheorie und Quantenmechanik war — mit PLANCKS Worten — der Übergang „vom Relativen zum Absoluten".

Die Aussagen der klassischen Physik treffen insoweit zu, als von den Absolutwerten, den universellen Naturkonstanten h, c und der Gravitationskonstante f (sowie der BOLTZMANN-Konstante k) abgesehen werden kann. Für die Wirksamkeit der ja klassisch zu beschreibenden Meßgeräte — auch bei der Erforschung des Mikrokosmos — zeigte BOHRS Analyse der Meßprozesse als wesentlich, daß diese Meßgeräte beliebig dimensierbar sind, so wie dies HELMHOLTZ voraussetzte.

10. Die „Verfeinerung" der Alltagssprache „more physico" ist nicht die einzig vorliegende. Da die Wissenschaft ihre Aussage in einem permanenten Iterationsprozeß einer Prüfung durch die Gemeinschaft aller Sachverständigen unterwirft und ihre Aussage sich auf die Summe aller vorangehenden Erfahrungen stützt, ist die Verfeinerung der Alltagssprache, wie sie jede Wissenschaftssprache der verschiedenen Grunddisziplinen darstellt, vor allem aber die Sprache der Philosophie, ein von der Physik unabhängiger Weg. Die Physik bemüht sich, gewisse universell gültige Gesetzmäßigkeiten aufzudecken bei gleichzeitiger Vernachlässigung anderer, die in speziellen Fällen ausschlaggebend sein können. Sie verzichten häufig bewußt auf Detailtreue und reißt Geschehnisse aus ihrem Zusammenhang. Die Begriffe der Spezialdisziplinen und insbesondere der Philosophie bemühen sich hingegen, die Vorgänge nicht aus ihrem Zusammenhang zu reißen und sie möglichst umfassend durch den Begriff abzubilden. Hierbei kann es vorkommen, daß die universell gültige physikalische Aussage im Rahmen des speziellen Phänomens den Charak-

ter einer Trivialität bekommt: Die Begriffe Masse und Impuls in NEWTONS Theorien erklären das spezielle Phänomen I. NEWTONS in keiner Weise.

11. Die Sprache der Philosophie, wie wir sie heute vorfinden, ist im wesentlichen die Sprache KANTS und HEGELS. Ihre umfassende Bedeutung liegt darin, daß sie eine Wiedergabe unserer Gesamtkenntnis und Gesamterfassung der Wirklichkeit in einer bestimmten Näherung ermöglicht, deren Bedeutung durch das Eindringen der Physiksprache nicht geschmälert werden darf. Denn die der wissenschaftlichen Sphäre der Naturbeherrschung vorgeschaltete empirisch intuitive Kenntnis und Beherrschung der Wirklichkeit ist offenbar erheblich umfangreicher und auf manchen Gebieten sogar zum Teil tiefergehend als die heute der exakt-wissenschaftlichen Behandlung zugehenden Teile der Wirklichkeit. Aber EINSTEIN und PAULI haben sicher recht, wenn sie sagen, „. . . daß hinter der fachlichen und mathematischen Gestalt der Gedanken der Naturforscher immer noch die Schicht des Alltagslebens mit seiner landläufigen Sprache liegt. Die Naturwissenschaft ist eine systematische Verfeinerung der Alltagsbegriffe, die uns eine tiefere, nicht unmittelbar sichtbare Wirklichkeit hinter der Alltagswirklichkeit der farbigen und tönenden Dinge enthüllt."[1])

A. EINSTEIN fragte in seiner Festansprache zum 60. Geburtstag von MAX PLANCK (1918): „Was für eine Stellung nimmt das Weltbild eines theoretischen Physikers unter all diesen möglichen Weltbildern ein?" Und er antwortete: „Höchste Reinheit, Klarheit und Sicherheit auf Kosten der Vollständigkeit". Denn der Physiker muß sich „stofflich um so mehr bescheiden, indem er sich begnügen muß, die allereinfachsten Vorgänge abzubilden; während alle komplexen Vorgänge nicht mit jener subtilen Genauigkeit und Konsequenz, wie sie der theoretische Physiker fordert, durch den menschlichen Geist nachkonstruiert werden können".

12. Wir meinen, daß das Eindringen der Physiksprache und der Denkweise der Physik in die Alltagssprache eine Verfeinerung und Präzisierung unserer Kenntnisse der Wirklichkeit darstellt, die geeignet sind, in einem großen Kollektiv ohne Interpretationsschwierigkeiten wirksam zu werden. Die Physiksprache widerspiegelt die Wirklichkeit häufig treffender als die Alltagssprache.

---

[1]) W. PAULI, Die Materie, aus: Aufsätze und Vorträge, S. 1, Braunschweig 1961.

In vieler Hinsicht sagt sie aber bei weitem nicht aus, was wir in der Alltagssprache und der daraus abgeleiteten Sprache der Philosophie wiederzugeben imstande sind. Man kann in der Sprache Hegels naturgemäß nur schwer Probleme der modernen Physik oder Mathematik ausdrücken. Man kann aber in dieser Sprache vieles ausdrücken, was Physik und Mathematik nicht ohne weiteres ausdrücken können.

Zwischen diesen beiden Sprachen scheint wieder eine gewisse Komplementaritätsbeziehung zu bestehen, weil ihre „Meßzugänge", d. h. die Quellen ihrer Herausbildung, verschieden sind.

Literatur- und Quellenhinweise

Beitrag Helmholtz

HERMANN VON HELMHOLTZ: Einleitung zu den Vorlesungen über Theoretische Physik. Herausgegeben von A. KÖNIG und C. RUNGE, Verlag Johann Ambrosius Barth, Leipzig 1903, S. 1—50 (Nachschrift der Vorlesungen von 1893).

Der Gesamtzyklus der Vorlesungen von H. v. HELMHOLTZ „Über Theoretische Physik“ wurde nach von HELMHOLTZ selbst in Auftrag gegebenen Nachschriften seiner Berliner Vorlesungen aus den Jahren 1890—1894 postum von seinen Schülern ARTHUR KÖNIG, OTTO KRIGAR-MENZEL, MAX V. LAUE, FRANZ RICHARZ und CARL RUNGE in den Jahren 1897—1907 (Verlag J. A. Barth, Leipzig) herausgegeben. Das Gesamtwerk umfaßt:

Bd. I, 1: Einleitung (ed. A. KÖNIG und C. RUNGE), 1903
Bd. I, 2: Dynamik discreter Massenpunkte (ed. O. KRIGAR-MENZEL), 1898
Bd. II: Dynamik continuierlich verbreiteter Massen (ed. O. KRIGAR-MENZEL), 1902
Bd. III: Mathematische Prinzipien der Akustik (ed. A. KÖNIG und C. RUNGE), 1898
Bd. IV: Elektrodynamik und Theorie des Magnetismus (ed. O. KRIGAR-MENZEL und M. v. LAUE), 1907
Bd. V: Elektromagnetische Theorie des Lichtes (ed. A. KÖNIG und C. RUNGE), 1897
Bd. VI: Theorie der Wärme (ed. F. RICHARZ), 1903

Beitrag Hertz

HEINRICH HERTZ: Über die Prinzipien der Mechanik. Herausgegeben von P. LENARD, Vorwort von H. v. HELMHOLTZ, Verlag Johann Ambrosius Barth, Leipzig 1894, 2. Auflage 1910.
Vorwort von H. v. HELMHOLTZ, S. XIII—XXVIII,
Vorwort von H. HERTZ, S. XXXI—XXXIII,
Einleitung, S. 1—49.

Erschienen als Band III der „Gesammelten Werke“ von HEINRICH HERTZ.

Weitere Literatur

H. v. HELMHOLTZ: Wissenschaftliche Abhandlungen, Leipzig, Bd. I 1882, Bd. II 1883, Bd. III 1895

H. v. HELMHOLTZ: Vorträge und Reden, Band I und II, Braunschweig 1884

H. v. HELMHOLTZ: Zählen und Messen. In: E. ZELLER, Philosophische Aufsätze, Leipzig 1887, S. 15–52

L. KÖNIGSBERGER: Hermann von Helmholtz, Band I–III, Braunschweig 1902–1903

H. HERTZ: Gesammelte Werke, Leipzig, Bd. I 1895, Bd. II 1892, Bd. III 1894

H. HERTZ: Über sehr schnelle elektrische Schwingungen (Ostwalds Klassiker, Bd. 251), herausgegeben von G. HERTZ, Leipzig 1971

M. PLANCK: Die Einheit des physikalischen Weltbildes, Leipzig 1909

M. PLANCK: Acht Vorlesungen über theoretische Physik, gehalten an der Columbia University of New York im Frühjahr 1909, Verlag S. Hirzel, Leipzig 1910

M. PLANCK: Wege zur physikalischen Erkenntnis. Reden und Vorträge, Band I und II, Leipzig 1933, 3. Aufl. 1943

Die Herausgeber

- veranschaulichen, daß die Untersuchungen von Hermann v. Helmholtz und Heinrich Hertz über Ziele und Methoden der Physik wegweisend für die Begründer der Quantenphysik und der Relativitätstheorie waren.

- erläutern, daß die „Einleitungen" von Helmholtz und Hertz zu den „Vorlesungen über die theoretische Physik" und zu den „Prinzipien der Mechanik" Grundlagenfragen über die Beziehungen zwischen Theorie und Experiment klären und die Stellung der Physik im System der Wissenschaft verdeutlichen.

- wollen zeigen, daß die Texte dieser beiden großen physikalischen Denker auch begeisternde Einführungen in das Studium der Physik sind.

- verfolgen, anknüpfend an Planck, der den ersten Kommentar zu den Vorlesungen von Helmholtz und Hertz gab, das Weiterwirken der Helmholtzschen Gedanken in der heutigen Physik.

WISSENSCHAFTLICHE TASCHENBÜCHER

MIX
Papier | Fördert gute Waldnutzung
FSC® C083411

Zeitfracht Medien GmbH
Ferdinand-Jühlke-Straße 7
99095 Erfurt, Deutschland
produktsicherheit@kolibri360.de